바다에 대한 예의

바다에 대한 예의

초판 2쇄 발행일 2023년 5월 18일
초판 1쇄 발행일 2021년 12월 23일

지은이 주현희
펴낸이 이원중

펴낸곳 지성사 **출판등록일** 1993년 12월 9일 **등록번호** 제10−916호
주소 (03458) 서울시 은평구 진흥로 68, 2층
전화 (02) 335−5494 **팩스** (02) 335−5496
홈페이지 www.jisungsa.co.kr **이메일** jisungsa@hanmail.net

ISBN 978−89−7889−484−5 (04400)
ISBN 978−89−7889−168−4 (세트)

잘못된 책은 바꾸어드립니다. 책값은 뒤표지에 있습니다.

바다에 대한 예의

인류의 공유자원
바다를 지키기 위한 책임과 의무

주현희

지음

지성사

차례

바다에 대한 자세 그리고
그 책임과 예의에 대하여…

 지구가 생겨난 지 50억 년이 넘었고, 그 50억 년의 시작점에 바다가 있었다. 늘 같은 모습처럼 보이는 바다는 그 사이 예전과는 많이 달라졌다. 푸른 바닷물이 붉게 변해 버린 것은 아니다. 그렇다고 그 많던 바닷물이 다 말라 사라지지도 않았다. 그러나 바다는 분명 예전과 달라지고 있다.

 인간이 용기와 모험으로 바다에 도전하기 시작하면서 바다가 달라지기 시작했는지도 모른다. 네모난 지구 끝자락, 벼랑이 끝나는 지점에 바다의 끝이 있을 것이라는 두려움을 떨쳐 버린 그 시점부터 바다는 먹거리, 항로,

무역 등 다각도로 인간사에 적지 않은 이익을 안겨 주는 보물창고와도 같았다. 동시에 인간은 바다를 믿었다. 거대한 바다는 인간이 어떻게 행동하든 원래 모습 그대로 제 역할을 다할 것이고, 어떤 상황에서도 재물이 계속 나오는 화수분처럼 인간의 보물 창고로 남을 것이라는 확신을 가졌다. 때문에 바다를 더 차지하기 위해 싸우기도 하고, 더 먼저 바다에서 유용한 자원을 찾아내기 위해 바다를 더 탐구하고 편리한 도구를 끊임없이 발전시켜 나갔다. 하지만 알면 알수록 바다가 베푸는 혜택이 컸던 탓에 인간은 바다의 수용능력에 한계가 있다는 것을 보지 못했다.

다행히 인간은 바다가 드러낸 한계와 메시지를 알아채기 시작했다. 그리하여 사람들은 조금씩 바다에 대한 자세를 바꾸기 시작했다. 바다와 인간의 관계를 돌아보고 현재의 바다를 관찰해서 이해하고, 바다의 환경과 생태계 그리고 지속 가능한 자원의 이용과 보전을 위해 하나둘씩 약속을 만들어 지켜가고 있다. 내 이익보다는 바다와 그 세상을 먼저 생각하고, 바다에 대한 예의와 책임을 다해 줄 것을 촉구하는 사람들도 많다.

어떤 상황에서든 자신의 처지와 추구하는 이익에 따라 행동의 기준과 범위가 달라지게 마련이다. 바다에 대한 각자의 생각과 처지도 다를 수 있다. 나라의 살림을 맡은 정부의 입장은 또 다른 이유와 속사정이 있을 것이다. 바다 국경을 사이에 두고 문화와 경제 상황이 다른 개별 국가의 입장은 말할 것도 없이 서로 다를 것이다. 그럼에도 바다에서 얻을 수 있는 재화와 혜택에 고마워하고 이것이 지속되어야 한다는 생각은 크게 다르지 않다.

바다가 제 역할과 기능을 하지 못하게 되면 지구는 물론 우리도 살아가기 힘들 것이라는 사실에 대해서 충분히 알게 되었다. 바다와 더불어 더 오래 잘 살아가기 위해 우리가 할 수 있는 실천은 그렇게 어렵지 않다. 바다를 바다답게 그 세상을 존중해 주고, 바다에 대한 예의를 갖추어 바다가 그 모습을 지키며 우리에게 혜택을 베풀 수 있도록 책임 있는 행동을 하는 것이다.

바다를 항해하는 사람들, 바다에서 물고기를 잡는 사람들, 바다의 풍광을 즐기며 휴식하는 사람들 그리고 바다에서 광물을 캐는 사람들, 이 모든 사람이 바다를 보전하는 것에 대한 의무와 책임을 다하는 것이 무엇이며,

바다를 대하는 자세는 무엇인지를 고민해 봐야 할 때다. 지금도 바다는 변하고 있기에…….

이제 바다에 대한 예의와 책임을 고민해야 할 때다. 인간의 욕심은 바다 그 자체를 인정하고 생각하기에 앞서 나에게 필요한 것을 더 많이, 그리고 우선으로 생각하고 몰입하기 때문에 더욱 통제하기 어려워진다.

세기를 거듭할수록 전 세계적으로 좀 더 많은 자원을 확보하려는 경쟁이 날로 심해지는 상황에서 식량, 광물, 해상로 측면에서 톡톡히 제 역할을 다하는 바다에 대한 몰입은 어쩌면 자연스러운 것일 수도 있다. 그러나 지나치게 도를 넘어 바다의 세상, 즉 바다 생태계와 환경을 파괴하고 있다면 이를 지적하고 고쳐나갈 수 있도록 행동하고 실천해야 할 것이다.

덧붙여, 개인적으로 특히나 '다사다난'했던 신축년을 보내는 끝자락에서 작으나마 결실을 볼 수 있게끔 도움을 주신 분들께 감사의 마음을 전한다. 책을 쓰는 전 과정에서 꼼꼼한 조언과 격려를 아끼지 않았던 조정현 작가님, 바쁜 시간 쪼개어 내용을 봐 주신, 조동오 박사님,

조정희 박사님, 박성욱 박사님께도 감사의 인사를 전하고 싶다. 좀 더 좋은책을 만들고자 끝까지 함께 호흡해 주셨던 지성사 편집부에도 감사하는 마음이다. 끝으로, 작은 책을 보며 엷은 미소로만 내색하셨을, 돌아가신 아버지께 깊은 감사를 올리고 싶다.

하나

그대로의 바다,
인간과 역사를 같이하다

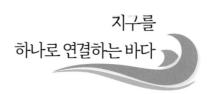

지구를
하나로 연결하는 바다

대항해시대가 열리기 전

　최초로 우주 비행에 성공한 러시아의 비행사 유리 가가린(Yuri Alekseyevich Gagarin, 1934~1968)이 남긴 유명한 말이 있다. "우주는 까맣고, 지구는 푸른빛이다." 그는 이 한마디로 우주를 돌면서 그의 눈에 들어온 지구의 모습을 표현했다.

　까맣고 푸른빛의 지구는 현재 우리에게 전혀 새롭지 않은 모습이지만, 1960년대만 해도 세상 사람들에겐 우주에서 바라본 지구의 모습은 참으로 신비롭고 흥미로웠을 것이다. 지구가 푸른빛으로 보인다는 말은 바다가 그

만큼 거대하다는 뜻일 것이다. 너무 넓어서 평생토록 다 갈 수도 없는, 육지보다 파랗게 펼쳐진 바다 면적이 훨씬 더 넓다는 것은 눈으로만 확인할 수 있는 것이 아니다.

오랜 세월 동안 과학 조사와 연구로 밝혀진 지구과학적 결과로도 이를 잘 확인할 수 있었다. 즉, 지구 표면의 70퍼센트 이상이 바다이고, 지구가 품고 있는 물의 96.5퍼센트가 바닷물이라는 사실을 우리는 알게 된 것이다.

지구 표면의 70퍼센트 이상을 차지하고 있는 바다

그리고 또 하나의 사실, 육지는 연결되어 있지 않지만, 바다는 하나로 연결되어 있다는 것도 알게 되었다.

"그래도 지구는 돈다"는 유명한 말을 남긴 천문학자 갈릴레이(Galileo Galilei, 1564~1642)는 세상을 향해 지구가 둥글다고 주장했다. 이는 15세기 즈음에 발생한 대단히 충격적인 사건이었다. 이전까지 사람들은 지구는 네모라서 배를 타고 끝까지 가면 낭떠러지를 만나게 된다고 믿었다.

지구가 둥글다는 것을 알게 된 후, 유럽의 탐험가들은 새로운 길을 찾아 미지의 땅과 바다에 도전했다. 특히 교역을 하기 위해 아시아나 유럽의 도시로 빨리 갈 수 있는 새로운 바닷길, 즉 항로를 찾는 데 열중했다. 이탈리아의 콜럼버스(Christopher Columbus, 1451~1506)는 15세기 말 배 세 척으로 항해를 시작하여 70일의 항해 끝에 지금의 아메리카 대륙을 발견했다.

또한 포르투갈 출신의 스페인 항해가 마젤란(Ferdinand Magellan, 1480~1521)은 수많은 탐험가들이 실패했던 동방으로 향하는 항로를 찾아 나섰다. 그는 스페인에서 출발해 우여곡절 끝에 대서양과 태평양을 잇는 지점을 발

콜럼버스의 아메리카 대륙 발견

마젤란의 함대 가운데 유일하게 항해를 마친 빅토리아호
(1590년 오르텔리우스가 제작한 지도 일부)

견했다. 이 항해로 곧 지구는 둥글고, 바다는 하나로 이어져 있다는 것이 입증되었다.

이렇게 탐험가들은 바다를 항해하면서 이전에 몰랐던 새로운 땅과 바다를 발견하고 바닷길을 개척했다. 우리는 이 시기를 대항해시대(大航海時代) 또는 대발견의 시대(Age of Discovery)라고 한다. 이 시기에 발견된 새로운 바닷길과 그 길을 통해 마주한 국가, 그리고 그들이 가지고 있던 낯선 문물은 바다만이 이어줄 수 있는 값진 발견이었다.

바다와 바닷길을 놓고 벌인 치열한 경쟁

바닷길을 개척하기 위한 모험과 도전은 15세기부터 18세기까지 꽤 오랫동안 지속되었다. 이 대항해시대에 바다의 길을 통해 육지와 육지가 연결되었고, 그로 인해 많은 일들이 일어났다.

먼저, 교역이 늘어났다. 기후와 환경이 다른 대륙에서 들여온 농작물과 향신료, 면직물, 커피, 담배와 같은 물건이 거래되었고, 바닷길을 이용한 사람들의 왕래도 잦아졌다. 또한 유럽의 여러 나라가 세력을 넓히고 영역을 확장하기 위해 경쟁을 벌였다. 특히 스페인, 네덜란드, 포르투갈, 영국 등 몇몇 나라 간의 무역과 식민지 확보 경쟁은 치열했다.

16세기에 영국은 스페인의 함대를 격파하면서 세계 바다를 제패했고, 스페인은 향신료 무역에 유리한, 좀 더 빠른 바닷길을 찾기 위해 포르투갈과 경쟁했다. 네덜란 드 또한 17세기와 18세기에 걸쳐 인도네시아 항로를 개척하고 무역에서 영국과 경쟁을 벌였다. 이 두 나라는 전쟁도 마다하지 않았으며, 결국 영국이 바닷길을 평정하면서 해양 강국으로 떠올랐다.

대항해시대에 여러 나라가 식민지와 무역 항로 개척에 뛰어들면서 인간의 기술도 발전했다. 다른 나라보다 먼저 바닷길을 차지하여 세력을 넓히려면 무엇보다 배가 튼튼해야 했고, 이 배를 안전하고 경제적으로 움직일 수 있는 항해술이 발전해야 했다. 이에 여러 나라는 기존의 선박 길이를 개량하여 배의 속력을 높였고, 갑판에 대포를 설치하는 군선도 제작했다. 또한 당시 배를 움직이는 유일한 힘이었던 바람의 원리와 바다물의 흐름, 즉 해류를 관찰하고 연구했다.

이 모든 것은 항해의 기술을 개발하기 위한 노력이었다. 더 발전된 항해술과 바다에 대한 더 많은 지식이 곧 재물과 세력을 확보할 수 있는 밑거름이었기 때문이다. 덕분에 대항해시대는 선박과 항해술의 발전 측면에서도 중요한 시기로 기록된다. 하지만 바다를 자유롭게 이용하고 선점하고자 했던 인간의 의욕이 기술로 투영되었던 그 시기는 오늘날 바다의 훼손을 부른 출발점일 수도 있다.

바다에 대한 호기심, 바다를 알고 싶어 하다

대항해시대가 계속되면서 사람들의 바다에 대한 호기심이 점점 커졌다. 바다를 연구 대상으로 삼아 바다를 연구하는 학문, 즉 해양학(海洋學, Oceanography)이 시작되었다. 해양학은 바다의 물리학적·화학적·지질학적 성질과 계통, 그리고 바다에 살고 있는 생물체 등을 연구하는 학문이다. 바다는 육지보다 더 넓고 날씨 등의 환경변화가 심하기 때문에 바다에 대한 연구는 어느 학문보다 과학적이고 정교하게 이루어져야 한다.

반면에 아직도 많은 이들이 과학 영역과 해양학을 연결하는 것에 익숙지 않다. 하지만 '바다의 모든 측면을 탐구하고 연구'하는 해양학은 사실 어떤 학문보다 훨씬 더 오래전부터 시작되었다. 이동이 자연스러운 육지와 달리, 바다는 첫발을 떼는 순간부터 지식이 필요한 환경이었기 때문이다.

지금으로부터 수만 년 전에도 사람들은 바다로 나가기 위해 많은 것을 알아야 했다. 그들은 뗏목을 타고 바다로 나가 바다 자체를 알기 위해 모험을 벌였다. 그들은 서로 다른 시간에 일정한 방향으로 뗏목을 움직이게 하는 파도, 폭풍, 조류를 관찰했다. 그리고 바닷물이 강물과는 달리 맛이 짜서 마실 수 없다는 것도 발견했다. 기원전 3000년경 고대 바빌로니아인들은 모든 육지를 둘러싼 거대한 고리 모양으로 나타낸 바다 지도를 제작하기도 했다.

문명과 과학이 눈부시게 발달한 지금의 시각에서 보면 그 모험과 발견이 참으로 단순하고 당연한 것으로 비춰질 수 있다. 하지만 바다 끝에 낭떠러지가 존재할 것이라 믿었던 사람들에게는 목숨을 건 위험 속에서 건져 올린 지식이었다. 이렇게 인간의 역사와 함께 습득되었던 바다에 대한 지식은 대항해시대를 거치면서 더욱 풍부하게 쌓였고, 산업혁명을 거치면서 학문의 한 분야가 되어 본격적으로 탐구하기 시작했다.

18세기 이후, 해양학 연구가 본격화되어 미국의 벤저민 프랭클린(B. Franklin, 1706~1790)은 미국과 영국을 오갈 때 어떤 해류를 타고 가면 더 빨리 오갈 수 있는지를 밝혀냈다. 1839년 매슈 머리(Matthew F. Maury, 1806~1873)는 해류와 바람의 흐름을 그림으로 표현하여 지도에 그려 넣었다.

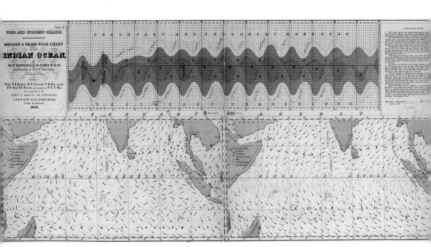

매슈가 작성한 인도양의 몬순 및 무역풍 해도(1856년, 미의회 도서관 소장)

최초의 해양학 연구 전용선, '챌린저호'

　　최초의 해양학 연구 전용선이라 할 수 있는 영국의 챌린저(Challenger)호는 1872년부터 3년이 넘는 기간에 전세계 바다를 누비며 바다를 탐험했다. 이때 수심, 수온, 퇴적물, 해양생물을 포함해 광범위한 자료를 얻게 되었고, 대양의 수온 분포와 해류의 흐름도 파악할 수 있었다. 이로써 인간은 바다의 실체에 대해 더욱 많은 정보와 지식을 확보하게 되었다.

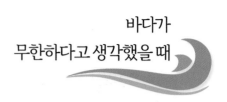

바다가
무한하다고 생각했을 때

더 많은 것을 알게 되면서 더 많이 이용하다

인간은 탐구와 도전정신 덕분에 바다에 대한 많은 정보와 지식을 얻게 되었다. 그리고 그 정보와 지식으로 바다를 더없이 유용하게 쓸 수 있다는 것을 알게 되었다. 바다 저편의 또 다른 육지로 갈 수 있는 가장 가까운 항로를 발견하면서부터 물자 이동과 교역에 따른 비용을 아낄 수 있었다.

더 넓은 바다를 항해할 수 있는 배를 만들 수 있게 되면서 무역은 물론, 편안히 바다를 여행하는 사람들도 생겼다. 뿐만 아니라 편리한 도구와 방법을 고안해 바다에서 해산물을 더 많이 거둬들였고, 나아가 바다 깊은 곳에 있는 자원까지 찾아낼 수 있게 되었다.

인류는 사회와 문화, 기술과 도구의 발전과 같은 환경과 여건 변화에 따라 여러 방식으로 바다를 이용해 왔다. 이러한 방식들이 발달하게 된 이유는 결국 바다를 끊임없이 이용하고 바다에서 무엇인가를 얻겠다는 의지가 반영된 것이었다. 바다에서 식량을 얻기 위한 인간의 의지는 창과 작살을 만들어 물고기를 잡았던 석기시대부터 시작되었다. 이후 나무를 잇대어 만든 뗏목은 앞바다를 오가는 목선으로 발전했다.

중세 초기부터 연안 지역에 한정된 형태로 이루어지던 교역은 그 범위와 빈도가 점점 늘어갔고, 항해술이 발달하면서 바다 건너 먼 곳까지 활동 범위를 넓히게 되었다. 이때까지만 해도 인간이 바다를 이용하는 규모는 단조롭고 소박했다.

18세기 후반, 산업혁명이라는 큰 전환기를 맞으면서 인간이 바다를 이용하는 규모가 달라졌다. 급속한 공업의 발달과 경제성장을 이끈 산업혁명 시기를 겪으면서 바닷길 또한 예전과 다르게 더욱 분주해졌다. 산업 발달과 함께 활발해진 나라 간 교역과 왕래로 더 많은 배들이 바닷길을 오가게 되었고, 많은 물자와 사람이 바다를 통해 운송되었다.

19세기로 접어들면서 과학과 의학이 비약적으로 발달했다. 인간의 수명 연장과 함께 전 세계적으로 출생률도 급속히 증가하면서 때아닌 식량난을 겪게 되었다. 이러한 상황에서 인류는 바다를 무한대의 식량 창고라 여기고 바다에서 나는 먹거리들을 마구 잡기 시작했다. 이미 예전과는 비교가 안 될 정도로 어업 기술과 장비가 발달해 있었고, 차곡차곡 쌓인 바다에 대한 지식 덕분에 인류는 더 많은 물고기를 건져 올렸다.

이윽고 19세 중후반에 이르러 기존에 돛을 달아 바람으로 움직이던 배는 바람과는 비교할 수 없을 만큼 성능이 뛰어난 증기기관을 장착했고, 배의 몸체는 나무에서 강철로 바뀌는 그야말로 '혁명'을 겪었다. 이러한 기술과 장비의 혁명은 인간의 바다 이용에 대한 강한 욕구와 의지의 결과였으며, 이로부터 인간은 자유롭게, 그리고 최대한 바다를 이용할 수 있게 되었다.

바다 자유 이용권

기술이 발달하면서 특히, 20세기 이후 인간은 마치 '바다에 대한 자유 이용권'을 가진 것처럼 바다를 누비고 있다. 게다가 바다를 이용하는 범위 또한 상상 이상이다. 먼저 바다에서 먹거리를 잡는 어업의 예를 보자.

이전의 물고기 잡이는 경험 많은 선원들의 안내에 의존했고, 낚시나 그물을 칠 수 있는 범위도 한정적이었다. 따라서 사람의 능력과 힘으로 잡을 수 있는 물고기의 양도 어느 정도 정해질 수밖에 없었다.

하지만 배에 달린 엔진의 성능이 좋아진 20세기부터는 빠른 속도로 더 넓은 바다로 나아갈 수 있었고, 선원의 부정확한 경험이 아니라 물고기가 모여 있는 지점을 감지하는 정확한 센서를 이용하여 더 많은 물고기를 한 번에 끌어 올리고 있다. 게다가 냉동기술의 발달로 먼 바다에서 잡은 물고기를 오랜 기간 저장하여 육지로 수송도 할 수 있게 되었다. 뿐만 아니라 바다 한쪽에서는 더 많은 수산물을 먹기 위해 물고기 양식도 한다.

바다 지형도 이용하고 있다. 사람들은 풍광 좋고 즐겁

게 수영할 수 있는 바닷가로 여행가거나 살고 싶어 한다. 이를 위해 해변에 호텔과 휴양지가 들어서는가 하면, 근처에 집을 짓고 아파트를 세운다. 이처럼 살 곳을 짓다가 땅이 부족하면 바다를 메우는 간척사업도 한다. 간척되는 육지만큼 얕은 바다가 사라지고 있는 것이다.

에너지 면에서는 어떨까? 석유가 중동의 사막만이 아니라 바닷속, 즉 해저에도 있다는 사실을 알게 된 후, 사람들은 바다 곳곳에 석유를 끌어 올리는 데 필요한 플랫폼(platform)을 건설했다. 처음엔 육지 가까이 수심이 얕은 곳에서 석유를 끌어 올리다가 기술의 발달로 수심 3,000미터 이상의 심해에서도 석유를 끌어 올리고 있다. 한편에서는 바다의 물리적 특성을 이용해 좀 더 깨끗한 에너지를 얻기 위해 조력, 파력 에너지 기계를 설치하고 있다.

바닷길 여행도 달라졌다. 오랜 시간 동안 불편함을 겪으며 여행했던 예전과 달리, 지금 바다 위에는 호텔에 버금가는 크기와 시설을 갖춘 유람선이 다닌다. 빌딩처럼 큰 유람선 안에서 사람들은 엄청난 에너지를 소비하며 먹고 즐기며 휴식을 취한다. 이렇게 우리는 바다를 무한

석유 시추 플랫폼

다양한 해양생물

유람선 여행

화물 운송

인공섬

조력 발전

바다의 다양한 이용

대로 자유롭게 이용하는 시대에 살고 있다.

놀이공원에서 자유 이용권만 있으면 더없이 즐거운 것처럼, 자유롭게 이용할 수 있다는 것만으로도 바다가 즐겁기만 하다. 하지만 놀이공원에 오는 모든 사람이 자유 이용권을 가지고 있다면 불편한 상황이 생길 것이다. 너나없이 자유 이용권을 쓴다면 더 이상 즐거운 자유 이용권이 아니다. 우리가 바라던 혜택이 사라지기 때문이다.

지금 바다도 같은 상황에 처해 있다. 사람들이 무한하다고 생각하여 최대한 자유롭게 이용하는 동안, 바다에서 누릴 수 있는 수많은 혜택들이 사라지거나 한계에 다다른 것이다.

지나친 자유 이용권으로 위기에 놓인 현재의 바다

지금, 바다가 위기에 놓여 있다는 말은 더 이상 새롭지 않다. 해양 과학기술이 발전하면서 인간은 바다가 무한하다는 기존의 생각이 잘못되었다는 것을 알게 되었다. 그렇다면 현재 바다는 어떤 상태일까?

지난 수십 년간 자유롭게 물고기를 잡아 올린 결과,

바다의 물고기는 점점 줄어들고 있다. 최근 발표된 세계식량농업기구(FAO)[01]의 보고서에 따르면 전 세계적으로 수산자원이 악화되고 있다. 이 보고서에는 '지속 가능한 수준의 어업'이라는 개념을 사용한다. 이 개념은 인간의 어업활동으로 물고기들이 살아가는 환경, 종 구성, 성장, 사망률에 영향을 주지 않고 개체 수가 지속적으로 유지될 수 있는 어획량은 최대 얼마인지, 어떤 종이 인간의 어획에 영향을 받는지를 뜻한다.

그런데 보고서에는 현재 생물학적으로 지속 가능한 수준에 있는 자원이 급격히 줄었다고 지적한다. 쉽게 말해, 인간으로 인해 자연적으로 번식하고 환경을 유지할 수 있는 상태의 물고기와 그들이 사는 환경이 점점 줄어들고 있다는 뜻이다. 그 이유는 우리 인간이 잡는 물고기의 양이 물고기가 자연적으로 증식하는 양을 훨씬 초과하기 때문이다. 우리나라만 보아도 그 심각성을 알 수 있다.

---

01 FAO(Food and Agriculture Organization)는 유엔식량농업기구라고도 하며, 제2차 세계대전 말기에 전쟁 피해국 주민의 기아 문제와 영양상태 개선을 위해 설립된 기구로 로마에 본부가 있으며 1945년 10월에 발족했다. 농업, 임업, 수산업 개발 관련 각국의 역할 조정을 수행하며, 각 국민의 영양과 생활 수준의 향상, 식량과 농산물의 생산과 분배의 개선 등을 목적으로 설립되었다. 우리나라는 1949년 11월에 정식 가입했다. 국제연합에서 가장 오래된 상설 전문기구이기도 하다.

우리나라가 1978년에 가까운 연근해에서 잡아 올린 물고기는 173만 톤이었지만, 이제는 93만 톤 수준에 그치고 있다. 더 이상 자연적으로 물고기가 번식하지 못하는 데다 물고기 종류도 줄어들어 잡을 물고기가 없어진 것이다. 게다가 참치류와 같이 사람들이 특히 즐겨 찾는 물고기는 멸종될 위기에 있다.

바다 오염은 더 심각하다. 바다를 오가는 선박이나 또는 석유 등의 지하자원을 캐는 플랜트(plant)에서처럼 인간이 바다 위에서 활동하며 부주의하게 버리는 오염물질과 육지에서 흘러든 공업폐기물, 생활오염물, 중금속, 해양쓰레기 등이 바다의 수질과 환경을 악화시키고 있다. 이러한 오염물은 바다 환경을 비정상적으로 변질시켜 생태계의 균형을 무너뜨리고 결국 인간에게 피해를 준다.

최근 독성 해파리가 대량으로 출현했다는 소식을 자주 듣는데, 이런 현상은 해양생태계의 균형이 무너졌다는 증거라 할 수 있다. 해파리와 같은 생물은 육지에서 흘러 들어온 영양염이 너무 지나치면 크게 번식한다. 영양염은 바닷속 식물플랑크톤이 생장하는 데 꼭 필요한 요소이지만, 이것이 지나칠 경우 오히려 식물플랑크톤이 대량 번식을 하거나 해파리류가 대량으로 증식한다. 지나치게 늘어난 식물플랑크톤과 해파리는 바닷속의 산소를 고갈시키고, 때로는 독성 물질을 내뿜어 해양생물은 물론 인간에게도 피해를 준다.

오염 중에서도 미세플라스틱을 포함한 해양쓰레기 문제가 특히 심각해지고 있다. 미세플라스틱과 해양쓰레기는 단순한 바다의 외관과 환경 문제가 아니다. 미세플라스틱은 해양생태계의 모든 영양단계에 영향을 미치고 있어 매우 심각하다. 즉, 해양생태계의 가장 아래 단계인 식물플랑크톤부터 먹이사슬의 맨 위 단계에 있는 물고기를 잡아먹는 생물들까지 미세플라스틱을 흡수하게 된다. 여기에, 해양생태계의 먹이사슬 중 최상위에 있는 인간은 여러 단계의 생물을 먹기 때문에 미세플라스틱은 결국 인간에게도 치명적인 악영향을 미친다.

모자란 땅을 보충하거나 바다와 좀 더 가까운 곳에서 생활하려는 인간의 욕망으로 연안이나 간척지를 개발한 탓에 해양생물은 살아가는 공간과 환경, 즉 서식지를 잃고 말았다. 생태계는 다양한 해양생물이 각각의 역할을 통해 자연스럽게 형성되어야 하는데, 인간이 만든 연안

해안가를 뒤덮은 해양쓰레기

도시나 간척지로 어떤 해양생물이 사라지게 되면 생태계 구조와 생물 다양성이 훼손되는 결과를 낳는다.

우리가 더욱 주목해야 할 것은 어떤 생태계든 한 가지 원인이 하나의 대상에게만 영향을 미치는 것이 아니라는 점이다. 바다가 유지하고 있는 해양생태계는 다른 것들과 마찬가지로 서로가 복잡하고 긴밀하게 연결되어 있다. 뿐만 아니라 바다는 하나로 연결되어 있기 때문에 특정 지점에서 일어나는 문제가 그 지점에서 그치지 않는 속성이 강하다. 일종의 도미노 현상처럼 꼬리에 꼬리를 무는 연속된 파장과 결과를 가져올 수밖에 없다.

둘

——

너그러운 바다,
한계에 부딪히다

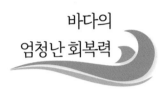

바다의
엄청난 회복력

바다, 상상 이상의 능력에 대하여

바다는 우리에게 어떤 존재일까?

여름이면 뜨거운 공기를 진정시켜 주고, 즐거운 물놀이를 선물하는 바다? 어쩌면 이것이 바다에 대한 가장 평범한 인상일 것이다. 그러나 바다는 우리가 생각하는 것 이상으로 참 신비롭고 다채롭다. 알면 알수록 대단한 능력을 지닌 존재이다. 바다에 깃들여 있는 생태계에는 수백만 톤의 물고기가 있으며, 이 가운데 30퍼센트를 인간이 소비한다. 미역, 문어, 랍스터, 새우, 조기 등 일일이 열거할 수 없는 온갖 먹거리를 제공한다.

뿐만 아니라 직업이라는 측면에서 보면 물고기를 잡아 생계를 유지하는 사람도 있어 사람에게 일거리를 제공하기도 한다. 바다 저 밑에는 온갖 종류의 원소와 광물이 매장되어 있다. 망간과 철, 코발트, 구리를 비롯해 40종이 넘는 금속 물질을 함유한 광물 덩어리인 망간단괴는 바다에서 건져 올릴 수 있는 보물이다.

청정에너지로 주목받고 있는 메탄하이드레이트(또는 메테인하이드레이트Methane Hydrate)는 대부분 깊은 바닷속에 매장되어 있다. 섭씨 0도에서 10도, 26기압과 78기압 정도의 환경조건에서 가스가 물과 결합하여 압축된 고체 연료 메탄하이드레이트는 그 모양이 마치 드라이아이스와 같아 '불타는 얼음'이라고도 한다.

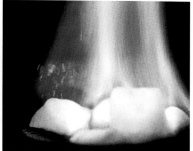

바다 깊은 곳에서 채굴한 불타는 메탄하이드레이트

다양한 광물을 함유하고 있는 해저 열수광상

일정하게 온도가 유지되는 바닷물은 대기 중의 열을
흡수하고 이를 통해 지구의 기온이 지나치게 올라가는
것을 방지해 주는 열평형 기능이 있다. 덕분에 우리가 사
는 지구는 불처럼 타오르지 않는다. 바다의 큰 물줄기가
일정한 방향으로 순환하기 때문에 적도의 뜨거운 에너지
는 추운 극지방으로, 차가운 극지방의 에너지는 뜨거운
적도로 이동하며 지구의 온도를 조절한다.

물속이 아니면 살아갈 수 없는 생물이 있다. 우리는
이들을 해양생물이라 부른다. 이들은 밖으로 나오면 피
부가 말라 버리고, 물속에서만 숨을 쉴 수 있다. 이러한 생명체들을 담고 있는 것이 바다다. 놀랍게도 지구상 생물의 80퍼센트가 바다에서 산다고 하니 만약 바다에 무슨 일이 일어난다면 이 지구에 존재하는 80퍼센트의 생물이 사라지거나, 힘든 환경에서 살아야 할지도 모른다. 이쯤 되면 바다는 지구상의 최강 능력자가 아닐 수 없다.

바다의 능력에는 한계가 있을까?

바다는 대단한 능력을 지녔지만 그렇다고 언제까지나 무엇이든 다 수용하고 내어 줄 만큼 무한하지는 않다. 세상 모든 것에는 한계와 임계치가 있다. 일반적으로 자연의 한계와 임계치를 수용능력(capacity) 또는 용량이라 한다. 자연계에서 이야기하는 수용능력은 생태계가 안정성을 깨지 않고 생물의 개체 수를 최대한도로 유지할 수 있는 상태를 말한다. 이는 쉽게 말해 생태계가 정상 상태를 유지하면서 생물을 수용할 수 있는 한계, 즉 자연의 허용치로 볼 수 있을 것이다.

따라서 바다의 수용능력이란 바다가 지닌 모든 측면에서 기능과 역할이 제대로 작동되는 정도의 한계와 허용치를 뜻한다. 바다는 분명 그 역량과 능력이 뛰어나지만 안정적인 상태로 정상적으로 작동하려면 한계치에서 벗어나지 않아야 한다는 전제가 깔려 있다. 아무리 부지런하고 뛰어난 사람일지라도 365일 쉬지 않고 일할 수 없고, 아무리 건강한 사람이라도 위생적이지 못한 환경에서 일을 한다면 쉽게 병들어 결국에는 일을 할 수 없게 될 것이다.

바다도 인간과 다르지 않다. 오랜 시간 한계치에 넘치는 일을 하거나 좋지 못한 환경에 노출된다면 결국에는 스스로 회복할 수 있는 힘을 잃게 될 것이다.

자연은 스스로의 힘으로 건전한 정상적인 상태로 돌아갈 수 있는 능력이 있다. 이를 자연의 회복력(resilience)이라고 하는데, 바다도 오랜 시간 환경변화에 적응하고 약간의 상처는 스스로 회복하면서 우리의 기대를 저버리지 않았다. 그러나 자연의 회복력은 환경수용력, 즉 한계나 임계치 안에서만 이루어진다.

바다, 이산화탄소를 빨아들이는 거대한 그릇

바다는 우리를 든든히 지켜주는 후견인, 마음씨 좋은 키다리 아저씨[02] 같다. 어떻게, 무엇으로 우리를 후원하고 있을까? 바다는 묵묵하고 부지런해서 우리가 상상하지 못한 부분에서도 쉬지 않고 움직이고 있다. 바다는 현재 기후를 빠르게 변화시키는 대기의 이산화탄소를 가장 잘 흡수하는 거대한 그릇과도 같다. 하지만 이 역시 인간이 배출하는 이산화탄소가 지나치게 많아 한계에 다다르고 있다. 북극과 남극의 기온이 상승하면서 빙하가 녹아내리고 이에 따라 해수면의 상승과 이상기온 현상, 홍수 등과 같은 자연재해가 빈번해졌다.

지난 20세기 동안 바다의 수면은 평균 10~20센티미터 높아졌고 이런 추세로 간다면 인구가 밀집한 해안 지역은 해수가 범람하는 피해를 받거나 아예 물속으로 잠길 것으로 예상하고 있다. 기후변화가 자연생태계의 질서를 무너뜨리는 것은 말할 것도 없다. 쉽게 말해, 달라

02 1912년에 미국의 작가 웹스터의 아동문학 작품인 『키다리 아저씨』에 등장하는 주인공(소녀)의 후견인

진 기후와 환경 때문에 있어야 할 동물과 식물이 이 지구상에서 사라지게 되어 안정된 생태계의 균형을 무너뜨리는 상당히 심각한 문제를 일으킨다.

하지만 이렇게 치명적인 기후변화 현상을 조금이라도 막아 주는 것이 바다다. 이산화탄소는 물에 잘 흡수되는 성질이라 바닷물에 그대로 흡수된다. 비가 내리면서 바다로 떨어지기도 하고 육지의 강이나 하천의 줄기를 따라 흘러 들어가기도 한다. 뿐만 아니라 바닷속 작은 식물체인 식물플랑크톤(phytoplankton)은 광합성 과정에서 이산화탄소를 흡수한다. 갯벌에 사는 염생식물, 바닷속 해조류(바닷말류)도 광합성을 위해 이산화탄소를 흡수하고 심지어 뿌리 내린 곳에 저장까지 한다.

우리가 잘 아는 고래의 역할은 더 놀랍다. 고래는 이산화탄소를 흡수해서 몸속 지방과 단백질 사이에 저장하는데, 고래 한 마리가 평생 흡수하는 이산화탄소가 약 33톤 정도라고 한다. 이 양이 어느 정도인지 잘 가늠이 되지 않을 것이다. 이산화탄소를 흡수하는 대표적인 식물인 나무와 비교해 보자!

나무 한 그루가 매년 흡수하는 이산화탄소 양은 22킬

로그램이고 고래의 평균 수명을 50년이라고 했을 때, 고래는 1년에 660킬로그램의 이산화탄소를 흡수하니 수천 그루의 나무와 맞먹는 막강한 존재인 셈이다.[03] 이처럼 바다는 기후변화라는 절체절명의 위기에 놓인 우리 지구를 살릴 수 있는 든든한 후견인이 아닐 수 없다.

[03]   One Whale Is Worth Thousands of Trees in Climate Fight, New Report Says.

바다보다 더 큰
인간의 파괴력

바다의 수용능력, 그 한계를 넘어서다

앞에서 이야기했듯 바다는 만만한 존재가 아니다. 그 면적은 육지의 2.4배에 이르고, 부피만 해도 13억 7천만 세제곱킬로미터다. 게다가 지구에 존재하는 생물의 80퍼센트가 바다에 산다. 바다는 위치상으로 지구 표면에서 가장 낮은 곳에 있어 하천과 강을 포함해 온갖 물의 최종 귀착지다. 특히나 강은 육지의 물이 바다로 흘러드는 통로이기도 한다. 이 때문에 때로는 갖가지 오염물질을 품은 물이 바다로 흘러든다. 물론 바다에 흘러드는 오염물이 모두 강물에 실려 들어오는 것은 아니다. 인간이 부주의하게 바다에 버리거나 고의로 흘려보내기도 한다.

그러나 바다는 의연하게 대처할 능력을 지니고 있다. 이렇게 흘러 들어온 오염물질들을 아주 묽은 농도로 낮춰 오염물이 들어오기 전의 상태로 스스로 회복한다. 예를 들어, 인간이 버린 지방, 단백질 등과 같은 유기화합물[04]로 이루어진 생활하수나 산업폐수, 그리고 음식 찌꺼기와 같은 폐기물은 바닷속에 살고 있는 미생물에 의해 분해된다. 이렇게 분해된 물질은 바다에 사는 생물들의 먹이가 된다. 이러한 물리학적·화학적·생물학적 작용으로 저절로 깨끗해지는 자정(自淨)과 회복 과정을 거치면서 바다는 일정한 상태를 유지한다.

이렇듯 바다가 자정과 회복을 끊임없이 반복하고 순환하려면 하나의 전제 조건이 필요하다. 그것은 곧 자정과 회복 과정이 바다가 해결할 수 있는 수용범위 안에 있어야 한다는 점이다. 다시 말해, 제아무리 거대한 바다라 해도 바다의 수용능력, 즉 한계치에서 벗어나게 되면

---

04 유기화합물(organic compound)이란 탄소의 산화물이나 금속의 탄산염 등을 제외한 탄소 원자를 지닌 화합물을 통틀어 일컫는다. 탄소에 질소, 산소, 황, 인, 할로젠(할로겐) 등이 결합한 화합물로 생물을 구성하는 필수 요소이다. 단백질, 탄수화물, 지방, 핵산 등이 있다.

이야기는 달라진다.

과학기술이 발달하고 산업이 발전하기 전에는 바다에 오염이 생겨도 바다의 자정능력으로 곧잘 회복되었다. 음식 쓰레기와 인간의 분뇨까지도 충분히 잘 녹여 바다와 하나가 되게 회복했다. 그 이유는 바다가 충분히 감당하고 회복할 만큼의 상황과 환경이 유지되었기 때문이다. 바다의 미생물이 부지런히 움직여 오염물질을 분해하고, 분해 물질이 또 다른 생물에게 유용한 먹이가 되고, 상당한 양의 바닷물이 오염된 물을 희석하기에 무리가 없을 만큼의 상황과 환경 말이다.

그러나 언젠가부터 바다는 오염물질을 희석하고 분해하여 회복할 수 있는 수용능력의 한계에 이른 듯하다. 전에 없이 편리함을 더해 주는 비닐, 플라스틱처럼 자연적으로 분해되지도 않고, 썩지도 않는 새로운 물질이 바다에 흘러들고 있다. 공장에서 나오는 처리하기 어려운 산업 폐기물과 가정의 생활 쓰레기, 원전에서 나온 방사성 폐기물, 그리고 온갖 종류의 더러운 물을 내보낸다.

바다 위를 가로질러 거대한 다리를 놓기도 하고, 석유를 끌어 올리기 위해 바다 한가운데 구조물을 세우기도 했다. 특급 호텔을 그대로 옮겨 놓은 듯한 유람선도 바다 위를 떠다닌다. 비행기로는 도저히 감당되지 않는 어마어마한 양의 기름을 실어 나르기도 한다. 이렇듯 예전과는 다르게 바다를 둘러싼 인간의 활동과 행위로 바다는 그 수용능력의 한계를 넘어섰다.

겉으로 보면 10년 전이나 100년 전이나 바다 그 자체는 달라진 것이 없어 보인다. 배를 타고 나가 맞이하는 바다는 언제나 같은 모습인 듯하다. 변함없이 푸르고, 또 변함없이 웅장하다. 그러나 조금만 관심을 가지고 살펴보면 바다의 변한 모습을 알아차릴 수 있다.

바다의 자정력에 도전하는 해양오염

바다의 능력으로는 더 이상 견디기 어려운 상태, 즉 한계치로 향하고 있음을 보여 주는 몇 가지 변화를 자세히 들여다보자. 바다가 그 수용 한계에 도달했는지를 판단할 수 있는 가장 간단한 기준은 바다가 원래 가지고 있는 기능을 여전히 잘, 그리고 정상적으로 발휘하는가이다. 특히 어떤 위험 요소가 침입했을 때 이것을 잘 처리

바다를 붉게 뒤덮은 적조

하고 스스로의 힘으로 그 이전의 상태로 회복할 수 있는
가이다. 쉽게 말해, 바다가 오염되어 병들기에 앞서 이것
을 잘 치유하여 건강하고 안정된 상태를 유지할 수 있는
지를 알아봐야 한다. 이러한 관점에서 보면, 바다는 예전
과 같지 않은 모습을 보여 준다는 것을 알 수 있다.

바다로 들어온 오염물질이 자정되지 않고 쌓여 가고
있다. 정상적인 상황이라면 바다로 들어온 오염물질은 바
닷속 미생물에 의해 분해되거나 낮은 농도로 희석되는
자정 과정이 진행된다. 그런데 왜 더 이상 정화되지 않는

것일까? 바다의 자정이 가능하려면 분해 또는 희석할 수 있는 범위 내의 오염이어야 한다. 하지만 쉴 새 없이 지속적으로, 또는 동시에 수백, 수천 톤의 오염물질을 바다에 쏟아붓는다거나, 분해나 희석이 불가능 상황에서 또 다른 오염물질이 들어온다면 바다는 이를 정화할 수 없고, 남은 것들은 차곡차곡 쌓이고 만다. 결국 바다는 이전 상태로 돌아올 수 없게 된다.

여기에 기름을 실은 유조선에서 사고로 기름이 유출

선박 기름 유출로 오염된 바다

되기라도 하면 상황은 더욱 심각해진다. 물론 환경과 상황에 따라 차이는 있겠지만 기름 유출로 인한 환경을 이전 상태로 복구하는 데에 수십 년 이상의 시간이 걸린다고 한다.

기름 유출은 단순히 눈으로만 끔찍해 보이는 것이 아니다. 바닷속 생물에게 여러 가지로 치명적이다. 많은 생물이 기름 층에 산소 공급이 막혀 질식하여 죽을 수 있고, 세포 장애, 성장장애, 장기 손상 등과 같은 피해를 입는다. 뿐만 아니라 바다에 사는 생물들은 서식 터전을 잃게 된다. 더욱 심각한 것은 기름 성분을 흡수한 다양한 생물의 일부가 우리 식탁에 올라 인간에게도 영향을 미친다는 점이다.

미세플라스틱과 해양쓰레기

제아무리 바다를 청소하는 미생물이라 해도, 분해할 수 없는 대상이 있다. 비닐, 플라스틱, 스티로폼 등과 같은 물질은 그대로 해류를 타고 떠다닌다. 우리가 해양쓰레기라 하는 것들이 대부분 이렇듯 자연 분해가 되지 않는 것들이다. 이 해양쓰레기의 88퍼센트가 육상에서 버려져 강이나 하천을 통해 흘러 들어온 것이라고 한다.

바다에 버려지는 쓰레기도 마찬가지다. 양식장에서 사용하는 부표, 밧줄, 낚싯대, 배에서 먹고 버린 음식물 포장지 등등, 따지고 보면 바다 쓰레기의 근원은 모두가 인간이다. 이렇게 바다로 들어온 쓰레기는 다양한 형태로 바다의 수용능력에 도전한다.

여기저기 물살을 타고 떠다니다가 순환이 잘되지 않는 지역에 모여 거대한 섬을 이루기도 한다. 실제로 1997년 미국의 찰스 무어(Charles Moore)는 하와이에서 열리는 요트 경기에 참가하기 위해 LA에서 출발해 태평양 한가운데를 지나다 새로운 섬을 발견했다고 여겼는데, 알고 보니 섬이 아니라 거대한 플라스틱 더미였다. 이처럼 바다에 버린 해양쓰레기는 쌓이고 쌓여 일상적인 바다의 모습에서 전에 볼 수 없는 희귀한 풍경을 연출하기에 이르렀다.

이뿐만이 아니다. 자유롭게 바다를 누비는 바다사자의 목에 밧줄이 감겨 있는가 하면, 때로는 쇠붙이로 만든 링에 머리가 끼인 모습도 보인다. 갯벌을 거니는 새들의 머리에 얹힌 스티로폼, 해변으로 올라온 거북의 몸에 칭칭 감긴 그물…… 이 모든 것은 인간이 버린 바다 쓰레기가 빚은, 결코 웃으면서 바라볼 수 없는 장면이다. 그러나 더 심각한 문제가 있다.

바다로 흘러든 플라스틱이 시간이 흐를수록 점점 작아져 더욱 큰 문제를 일으킨다는 것이다. 플라스틱은 바다에 흘러들면 오랜 시간 동안 떠다니면서 햇빛을 받아 점점 삭아 파도나 작은 충격에 잘게 부서진다. 이런 과정을 거친 플라스틱은 시간이 지나면서 5밀리미터도 안 되는 아주 작은 알갱이로 바뀌는데 이를 '미세플라스틱'이라고 한다. 이 미세플라스틱은 물고기의 먹이인 플랑크톤과 크기가 비슷해 바다 생물은 이것을 먹이로 착각하여 삼키는 일이 벌어진다. 생물들은 당연히 이 미세플라스틱을 소화시키지 못해 몸속에 쌓인다.

그 후 이 생물은 좀 더 큰 생물들에 먹히고, 그보다 상위 포식자가 다시 그 생물을 먹는다. 생태계의 먹고 먹히는 관계에서 이 미세플라스틱들은 단계별로 상위 생물의 몸속에 축적되는 악순환의 고리가 형성된다. 몸에 플라스틱이 축적된 생물을 먹는 최상위 포식자는 결국 인간

바다에서 건져 올린 미세플라스틱

이므로, 미세플라스틱은 바다 생물뿐 아니라 인간들까지 건강하고 정상적으로 살기 힘들게 한다.

플라스틱은 애초 바다가 품어 수용할 수 없는 대상이다. 인간이 플라스틱을 제대로 다루지 않아 바다를 한계에 다다르게 한 것으로 보인다. 바다는 지구의 70퍼센트 이상을 차지하고 있으므로, 바다의 한계는 곧 지구의 자연 질서와 연결된다. 바다의 질서가 흔들리면 지구의 질서와 평온함도 흔들린다. 바다로 들어간 쓰레기와 플라스틱은 바다와 지구 그리고 인간에게 치명적일 수밖에 없다.

산성화로 치닫는 바다

초등학교 교과서에는 액체의 염기도 또는 산성도를 나타내는 pH(수소이온 농도)라는 항목이 있다. 모든 액체는 수소이온 농도에 따라 나뉘며 환경변화에 따라 변하기도 한다. pH는 0~14 단계로 구분한다. 이 단계의 중간 숫자인 7을 중성이라 하여 7보다 낮은 수치를 나타내는 액체는 산성, 7보다 높은 액체는 염기성으로 구분한다. 즉, 그 농도가 0에서 7까지이면 산성, 7에서 14까지이면 염기성이다. 바닷물은 산성일까, 염기성일까? 바다로 나가 실험해 보면 어떨까? 실험해 보는 것은 좋지만, 그 결과가 바닷물의 원래 성질을 보여 줄지는 확신할 수 없다. 왜 그런지 이유를 알아보자.

바닷물은 본래 중성인 7보다 큰 8.1~8.3, 즉 약염기성을 띠는 것으로 알려졌다. 바닷물을 떠서 실험했을 때 pH 숫자가 이 범위를 유지해야 정상인 상태, 즉 건강한 상태이다. 염기도가 정상이라는 말은 바닷물이 이 상태를 유지해야 제 기능을 할 수 있다는 뜻이다. 그런데 바다의 pH 값이 바뀌고 있다. 바닷물을 떠서 실험해 보면 염기성

인 것을 알 수 있다고 자신 있게 말할 수 없는 이유가 바로
이 때문이다. 약염기성을 띠어야 할 바다의 pH는 현재 원
래의 8.1~8.3보다 점점 낮아지고 있다. 이렇게 바다의 pH
가 낮아지는 현상을 해양 산성화라고 한다.

그렇다면 바다는 왜 이렇게 변하고 있을까? 그 이유
역시 바다가 지닌 능력의 한계와 연결하여 이해할 수 있
다. 앞에서도 이야기했듯 바다는 지구 온난화의 주범인
이산화탄소를 흡수하고 있다. 그것도 전체의 3분의 1가
량을 흡수한다. 바다가 이산화탄소를 흡수하면 이에 따
라 바닷물의 화학적인 변화가 일어난다.

바닷물(H_2O)이 이산화탄소(CO_2)를 만나면서 탄산
(H_2CO_3)을 만든다. 이 탄산은 수소이온(H^+)과 중탄산이
온(HCO_3^-)으로 이온화하는데, 이산화탄소가 많을수록
수소이온도 증가한다. 이와 함께 바닷물에 있는 탄산이
온(CO_3^{2-})의 소모도 늘어난다.

이 복잡한 과정에서 문제가 발생한다. 즉, 수소이온이
늘어나면 바닷물의 염기도가 낮아진다. 또한 탄산이온
은 조개류, 굴, 갑각류와 같은 생물들의 골격을 만드는
석회질, 즉 탄산칼슘($CaCO_3$)의 재료라 할 수 있는데, 이

대기중의 CO_2

CO_2 + H_2O → H_2CO_3 → H^+ + CO_3^{2-} → HCO_3^-
용해된 CO_2 탄산   수소이온   탄산이온   중탄산이온

HCO_3^-
중탄산이온

$CaCO_3$ → Ca^{2+} + CO_3^{2-}
탄산칼슘   칼슘이온   탄산이온

해양의 산성화 과정(그림 : 오지혜)

것이 덩달아 많이 소모되면서 정작 생물의 골격을 만드
는 데 필요한 재료가 없어지는 결과를 낳는다.

바다가 산성화된다고 해서 바닷물에 신맛이 난다는
뜻은 아니다. 하지만 이 정도의 산성화가 진행된다면 문
제가 일어난다. 바닷속 생물은 원래의 서식 환경이 변해
살기 어려워진다. 석회질로 구성된 생물은 아예 골격을
만들지 못하거나 산성화된 바닷물에 껍데기가 녹거나 사
라질지도 모른다.

우리가 잘 아는 산호초 역시 석회질로 구성되어 있어
바다가 점점 산성에 가까워지면 치명적인 피해를 입는
종(種) 중의 하나다. 모든 자연생태계가 그렇듯 비정상적

'바다 나비'(sea butter-fly)라고도 불리는 바다달팽이류의 껍데기는 2100년에 예측된 해양 산성화 정도에 따라 45일에 걸쳐 바닷물에 녹는다. (화살표는 용해 진행 방향)

정상적인 산호초(왼쪽)와 해양 산성화와 지구 온난화에 따른 백화 현상으로 죽어 가는 산호초(오른쪽)

인 현상은 그 생태계의 균형을 깨뜨린다. 골격이 석회질인 해양생물이 사라지면 그 생물을 먹거나 이용하는 다른 생물들도 사라질 수밖에 없다.

점점 배출량이 늘어나는 이산화탄소로 진행되고 있는

바다의 산성화도 바다가 차츰 균형을 잃고 있음을 보여
주는 확실한 현상이다.

마구잡이로 더 이상 지속될 수 없는 어업

바다가 주는 혜택 가운데 우리에게 가장 와 닿는 부
분은 아마 먹거리, 그중에서도 물고기(어류)일 것이다. 인
간은 원시시대부터 강이나 바다에 사는 물고기를 채집하
기 위해 부단히 노력했다. 지금 이 시간에도 앞바다, 먼
바다 할 것 없이 고기잡이를 하려는 배들이 줄지어 떠
있을 것이다.

바다가 우리에게 허락한 넉넉한 베풂에서 가장 보편
적인 것이 물고기잡이라 할 수 있어 물고기를 잡는 것 자
체는 문제가 되지 않는다. 사람이 죽고 나듯이 물고기도
사라진 만큼 또 태어나는 순환을 반복하면서 일정한 개
체 수를 유지할 수 있기 때문이다. 그러나 물고기를 잡으
려는 인간의 수가 늘어나고, 경험과 기술이 발달하면서
잡아 올리는 물고기 양이 너무 많아진 데다 그 속도도
빨라졌다. 결과적으로 물고기가 자연적으로 일정한 개체

수를 유지할 수 있는 여유를 허락하지 않은 것이다. 예전에는 특별할 것 없던 생선과 해산물이 점점 특별하고 귀해지는 것은 더 이상 풍족하게 잡히지 않기 때문이다.

아무리 재산이 많더라도 무조건 쓰기만 하면 언젠가는 바닥이 드러난다. 그래서 사람들은 자기 재산의 규모를 잘 살피고, 저축도 해 가면서 관리를 한다. 그래야 지속적이고 안정적으로 쓸 수 있기 때문이다. 그런데 아쉽게도 지난 수십 년간 인간은 바다의 재산을 규모 있고 계획적으로 쓰지 못했다. 맛있고 인기가 많은 물고기는 그물을 촘촘히 만들면서까지 더 자라야 할 시기의 어린 물고기도 마구 잡아 올렸다. 마치 경쟁이라도 하듯, 어떻게 하면 더 성능이 좋은 도구를 만들어 물고기를 잡을까 궁리했다. 다른 사람보다 먼저, 그리고 한꺼번에 많이 잡기를 원했던 것이다. 덕분에 우리의 식탁은 더욱 풍성해졌지만 그 풍성함을 누릴 수 있는 시간이 점점 짧아지고 있다.

세계식량농업기구(FAO)의 통계에 따르면, 사람이 물고기를 잡아도 다시 새로운 세대가 번식하여 이것을 잡을 수 있을 만큼 늘어나는 어족, 즉 생물학적으로 지속 가능한 어족 비율이 1990년에 90퍼센트였던 것에 비해

2017년에는 65.8퍼센트로 낮아졌다. 즉, 우리가 미래를 생각하며 물고기를 먹으려면 현재 바다에 있는 어족의 65퍼센트 정도만 잡아야 한다는 것으로 해석할 수 있다.

이에 반해, 현재 지구의 70억 인구가 섭취하는 동물성 단백질 가운데 바닷물고기가 50퍼센트를 차지하고 있다. 바꾸어 말하면, 바닷물고기로 단백질을 섭취하는 사람은 점점 늘어나지만 정작 지속적으로 잡을 수 있는 물고기가 줄어든다는 뜻이다. 이는 곧 상황이 바뀌지 않으면 머지않은 시간에 바닷물고기를 잡을 수 없다는 말과도 통한다.

여기에서 경쟁적으로 잡아 올리는 물고기 양만 문제가 되는 것이 아니다. 인간의 기술이 집약된 물고기잡이 도구, 그중에도 그물과 고기잡이 방식으로 빚어지는 문제가 있다. 바닥까지 깊이 쓸어 담듯 끌어 올리는 방식으로 바다 생태계에서 점점 사라져 가는 참치, 고래, 상어와 같은 생물을 잡아 올린다. 그러잖아도 개체 수가 줄어들어 보호해야 할 이 생물들은 바다 생태계의 먹이사슬에서 꼭 있어야 할 상위 포식자다.

우리가 사는 사회가 유지되려면 일정하게 인구가 유지

물고기의 마구잡이로 위기에 놓인 바다

되어야 한다. 그 인구가 각지의 영역에서 사회활동과 경제활동으로 활발하게 제 역할을 할 때 사회는 건강하게 유지될 수 있다. 바다도 마찬가지다. 바다 생태계가 유지되려면 물고기의 개체 수가 일정하게 유지되어야 한다. 그런데 이러한 점을 고려하지 않고 보이는 대로 잡아 올린다면 결국 바다는 균형을 잃고 무너지게 될 것이다.

백 명이 낚싯대로 잡는 물고기 양과 만 명이 성능 좋은 장비를 온전히 장착해서 잡는 물고기 양은 분명 차이가 있다. 지속할 수 없는 어업과 자원의 감소, 이는 바다가 우리에게 내어 줄 수 있는 먹거리의 허용량을 이미 초과했다는 명확한 증거다.

멸종 위기에 처한 바다 생물, 사라지는 해양생물의 다양성

인류는 자연생태계와 함께 살아왔다. 동시에 육상과 바다 생태계에서 필요한 재화와 서비스를 포함해 다양한 측면에서 이익을 누리고 있다. 너무도 당연하게 여겨 미처 인식하지 못할 뿐, 자연생태계는 분명 우리에게 없어서는 안 될 혜택을 제공하고 있다. 생태계가 제공하는 재화와 서비스가 없다면 인간은 원천적으로 생존이 불가능하다. 이렇게 생태계가 우리에게 주는 다양한 측면의 혜택과 지원을 '생태계 서비스'라고 하며, 2001년 UN의 새천년생태평가(Millennium Ecosystem Assessment, MEA)에서 처음 도입된 개념이다.

생태계 서비스는 크게 자원공급, 조절관리, 문화, 기초지원 서비스로 분류되는데 이것을 바다의 역할과 기능에 접목할 수 있다. 즉, 식량과 자원을 제공하는 자원공급 서비스, 기후·수질 조절과 관련된 조절관리 서비스, 휴양이나 관광과 연결된 문화 서비스, 그리고 눈으로는 볼 수 없지만 앞서 말한 세 가지 서비스를 유지하는 데 필수적인 또 하나의 기본적인 기능이 있다.

다시 말해, 세 가지 서비스는 우리가 직접 느낄 수 있는 기능으로 상당히 중요하지만 이 세 가지 서비스 기능이 잘 발휘될 수 있도록 뒷받침하는 나머지 하나의 기능이 없다면 위의 세 가지 기능은 존재할 수 없다. 바로 생물 다양성 유지가 그런 기능을 하는 서비스로, 이는 모든 것의 기초가 되는 필수 조건이라 할 수 있다.

바다의 생불이 얼마나 다양하게 균형을 이루며 질서를 유지하고 있느냐는 우리에게 돌아오는 수산물, 자원, 환경의 질, 볼거리, 심리적 안정에도 영향을 준다. 해양생물의 다양성이란 해양생태계의 생물 종과 생물체의 다양성, 종 내 또는 종 간의 다양성, 생물의 서식지와 생태계의 다양성을 뜻한다. 아주 쉽게 말하면, 해양생태계에 존재하는 모든 생물과 서식지 그리고 생태계를 다양하게 유지하는 것이다. 모든 생물이 빠진 곳 없이 다양하게 있어야 할 곳이 있고, 제 역할을 충실히 할 수 있는 환경이 갖추어져야 바다는 우리가 기대하는 세 가지 중요한 서비스를 제공할 수 있다. 해양생물 다양성이 사라지면 바다로부터 얻을 수 있는 것이 아무것도 없다는 말과 같다.

그런데 현재 바다에서 일어나고 있는 일들을 보면, 머지않아 바다에서 얻을 수 있는 모든 서비스가 줄어들거나, 사라질 위기에 놓여 있음을 감지할 수 있다. 먼저, 경쟁적으로 이루어지는 어업 때문에 일부 종이 사라질 위기에 있다. 지구상에 존재하는 어류 가운데 가장 덩치가 크다고 알려진 고래상어는 지난날 20만~30만 마리이던 것이 1만 마리 수준에 있어 멸종 위기에 있다. 20세기

멸종 위기에 놓여 있는 고래상어(위), 대왕고래(가운데) 그리고 큰바다사자(아래)

초, 100만 마리 이상이었던 바다표범은 7만 마리 수준에 이르고 있다.

특히 이산화탄소를 착실히 흡수하는 고래는 바다에 떠다니는 작은 플라스틱을 먹고 신음하거나, 어느 어부의 그물에 걸려 사라지고 있다. 해양 산성화로 인해 열대 해역의 산호초는 녹아 없어진다. 육지에서 마구 버린 오염물질이 흘러들어 바다에 해파리와 유해한 조류가 폭발적으로 번식해 고유의 생태계 균형이 무너지고 있다. 또한 연안을 개발하면서 습지가 줄어들고 이 때문에 이곳에 사는 물새는 서식지를 잃고 있다. 이 밖에도 선박 평형수[05]에 실려 이동한 외래 생물은 평형수를 교환하는 과정에서 전혀 다른 바다로 쏟아져 평화롭던 기존의 생태계의 질서를 깨뜨리기도 한다.

인간이 누릴 수 있는 바다 생태계의 모든 서비스의 뿌리가 되는 해양생물 다양성의 감소는 바다가 수용능력 한계에 근접했음을 알려주는 일종의 '종합 상황도'일지도 모른다.

---

05 선박 평형수(Ballast water)란 선박이 화물의 적재 상태에 따라 필요한 균형을 잡기 위해 선박의 하부 탱크에 주입하거나 배출하는 물을 가리킨다.

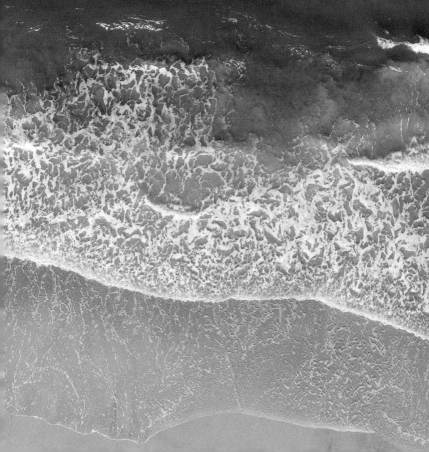

셋

———

돌아봐야 할 바다,
바다를 지키기 위한 세계의 약속

이제는
인간의 차례

생명을 품은 또 다른 세상,
바다의 질서와 우리의 예의

이미 알아차렸겠지만, 바다에도 세상이 있다. 병에 걸린 용왕을 위해 토끼의 간을 얻어야 하는 거북에게 속아 바닷속으로 들어간 토끼의 눈에 펼쳐진 세상에는 물고기들이 옷을 입고 꼿꼿하게 서 있었다. 바다 저 아래의 세상은 『별주부전』에 등장하는 용궁의 모습은 아니다.

하지만 바다 세상에도 생명체들이 각각 제자리에서 서로에게 도움을 주고받으며 어울려 살아가고 있다. 바닷속 세상, 우리는 이것을 해양생태계(Marine ecosystem)[06]라고 한다. 생태계란 환경과 어우러진 생명체와 비생명체의 세상이라 할 수 있으며, 바다라는 환경 속에서 수많은 생명체와 특별한 환경이 어우러진 '해양생태계'는 지구에서 가장 오래된 생태계다.

지구상의 모든 생명은 바다에서 탄생했다고 할 수 있으며 지구상에 존재하는 생명체의 80퍼센트 가까이가 바다에 살고 있다. 해양생태계에는 식물에서부터 동물까지 수많은 생명체들이 있다. 플랑크톤, 해조류(바닷말류), 어류, 포유류, 파충류, 갑각류, 그리고 작은 미생물에 이르기까지 수많은 생명체가 존재한다. 이들 생명체에게 바다는 안락한 집이자 생존과 활동을 하는 필수 환경이다.

당연히 바다를 터전으로 살아가는 생명체들은 인간이 자기가 사는 세상에 바라는 것과 마찬가지로 그들의 세상인 바다가 깨끗하고 안정적으로 질서가 유지되기를 바랄 것이다. 만약 그렇게 되지 않으면 그들의 생존에 영향

---

06 해양에서 생물 군집과 주위 환경 간의 밀접한 물질 순환계를 통틀어 일컫는다. 이곳에 서식하는 생물의 생활양식, 생리적 특성, 종 조성, 환경조건에 따라 공간적으로 구분한다. 곧 수평적 구분(해변역, 천해역, 외양역)과 수직적 구분(천해층, 중심해수층, 점심漸深해수층, 심해수층, 초심해수층)이다.

을 줄 수 있기 때문이다.

바다는 모든 것을 내주고 받아들이지만, 바다가 담고 있는 수많은 생명체와 환경을 지키고 유지할 수 있는 한도 안에서라는 조건이 있다. 지구상의 70억이 넘는 사람들이 바다를 함부로 대한다면 자칫 우리의 터전인 지구를 지켜 주는 강력한 조력자를 잃게 될지도 모른다. 가깝고 고마울수록 예의를 갖추어야 한다는 말이 있다. 지금 우리는 바다에 깍듯이 예의를 갖추고, 바다 본연의 질서를 흔들지 않겠다는 책임 있는 자세로 바다를 대할때다. 지금 바다에 필요한 건 그 세상의 질서와 바다에 대한 우리의 예의다.

바다를 지키기 위한 세계의 약속

바다의 질서를 흔들고 있는 인간들은 한편으로는 바다를 이용하는 자세에 대해, 그리고 바다를 오염시키고 훼손시킨 사람의 책임에 대해 끊임없이 고민하고 있다. 바다는 인류와 영원히 함께해야 할 소중한 존재이고, 그래서 더욱 바다에 대한 관심과 예의를 지켜야 함을 이

미 인지했기 때문이다. 우리는 사회나 국가의 질서와 안녕을 위해 마련한 법과 규칙에 대해서 안다. 이 법과 규칙은 우리 공동 재산의 훼손을 막고, 범죄를 줄이는 역할을 한다. 또한 우리가 좀 더 안락하고 쾌적한 환경에서 오래 잘 살기 위해 정한 것이라는 것도 알고 있다. 때문에 법과 규칙을 지키기 위해 노력한다.

바다에도 규칙과 법이 존재한다. 바다는 세계의 수많은 국가를 하나로 연결하고 있다. 따라서 어느 한 국가만의 권리이자 책임일 수 없는 바다에 대해 세계는 공동의 약속과 책임을 규정하고 있다. 물론 언어와 생각, 문화 그리고 추구하는 목적과 바라는 이익이 서로 다른 국가들이 의견을 통일하여 규칙을 마련하기란 쉽지 않다. 그러나 바다라는 거대한 자연이 주는 혜택을 공평하게 또는 고맙게 누리고, 그 혜택이 좀 더 오랫동안 지속될 수 있게끔 바다에 책임과 의무를 다하자는 생각은 같았기 때문에 오늘날 우리는 바다를 지키기 위한 세계의 약속, 즉 바다의 법이라 할 수 있는 조약과 국제관습법을 제정하기에 이르렀다.

바다에 대한 세계의 약속은 대체로 조약, 협약, 협정,

헌장, 각서, 의정서, 공동선언, 관습법 등과 같이 여러 가지 이름으로 불린다. 조약(條約, treaty)은 국제법 주체 간의 문서에 의한 명시적 합의를 말한다(조약법 협약 제2조 1항). 협약(協約, convention)은 이런 조약 중에서 특정한 분야 또는 기술적인 사항에 대해 입법화한 것으로서 조약과 협약의 효력에는 차이가 없다. 이렇게 보면 이런 조약과 협약은 일종의 국가 간의 약속인 셈이다.

우리는 수많은 약속과 계약을 하며 살아간다. 계약이란 법으로 정해져 있어 이를 지키지 않을 때는 그에 해당하는 벌을 받는다. 그러나 약속은 조금 달라 보인다. 약속도 지켜야 할 무형의 계약이기는 하지만, 지키지 않는 사람도 많다.

나라끼리의 약속도 마찬가지다. 서로 약속을 하고서도 때로는 지키지 않는 나라들도 있다. 나라끼리의 합의한 사항, 즉 약속을 지키지 않을 경우 의견이 같은 국가끼리 뜻을 모아 일종의 제재를 주기도 한다. 곧 유엔에서 결의한 제재나 그 국가에 대한 외교 단절 등이다. 이 때문에 대부분의 나라들은 서로 맺은 약속, 즉 협약이나 조약을 지키려고 노력한다.

바다에 대한 질서와 의무를 말하다

바다에 대한 권리와 의무, 「유엔해양법협약」

과학기술의 발달과 지리 발견으로 인간은 더 넓은 바다를 알게 되었고, 동시에 바다가 베푸는 수많은 혜택에 대해 주목하기 시작했다.

바다는 무역을 할 수 있는 편리한 항로와 먹거리를 제공하는가 하면, 저 깊은 바닥에는 광물도 매장되어 있었다. 따라서 이 보물 창고를 먼저 점령하고 차지하려는 국가 간 분쟁이 점점 잦아지게 되었다. 바다를 차지할 기술과 세력을 지닌 나라들의 끝없는 바다 점령과 자국의 바다를 지키려는 힘없는 나라늘 간의 치열한 싸움도 날로 심해졌다.

이렇게 되자 각국은 이런 소모적인 분쟁과 갈등을 줄이고 바다에 대한 소유권 문제를 명확히 하고자 함께 모여 해양에 관한 법을 살피는 회의를 열기로 했다. 이것이 1958년 스위스 제네바에서 열린 최초의 '유엔(UN)해양법회의'이다. 이 회의에서는 당시에 문제가 되었던 몇 가지 사안에 대해 합의하고 관련 협약을 채택했다.[07]

그러나 이때 채택된 몇 가지 합의된 협약에 대해서 모두가 만족하지 않았다. 그들이 합의한 협약에서 규정하는 여러 제도에 대한 불만의 목소리가 점점 더 커졌던 것이다. 이 영해협약에서는 영해의 폭에 대해 결정하지도 못했으며 1960년대 신생 독립국들을 중심으로 4개 협약의 여러 제도에 대해 비판하는 목소리가 나왔다. 애초에 각국의 바다에 대한 시각과 입장이 달랐기 때문이다.

기술과 항해 능력이 뛰어난 나라는 이 바다 저 바다를 마음대로 다 쓰고 소유하고 싶어 했다. 반면, 자칫하

---

07 '영해 및 접속수역에 관한 협약', '공해에 관한 협약', '공해의 어업 및 생물자원 보존에 관한 협약', '대륙붕에 관한 협약' 등 4개 협약이다.

면 자신의 영토와 맞닿은 바다조차도 기술과 세력이 강한 나라에 내주어야 할 상황에 몰린 나라들은 규칙을 정해서 자신의 바다를 정하고 권리를 주장하고 싶어 했다.

당시는 바다를 이용하는 빈도가 높아졌고, 기술이나 항해 능력이 있는 만큼 바다 이용의 자유가 허락되었다. 그러다 보니 제각각 불만과 불편함 또는 걱정이 생겼을 것이다. 이러한 불만이 높아지자 반대로 각자 바다에 대한 시각과 입장을 좁히고 바다에서의 새로운 질서를 세울 수 있는 새로운 바다의 법이 필요하다는 강한 인식을 이끌어내기에 이르렀다.

뿐만 아니라 바다가 유용한 만큼 좀 더 체계적으로 바다를 이용해서 바다의 자원과 환경을 보존할 필요가 있음에도 공감했다.

이렇게 해서 각국은 다시 모여 다시 논의했지만 서로의 입장과 계산이 같을 수 없었기 때문에 합의점을 찾기란 쉬운 일이 아니었다. 어떤 나라에서는 공공의 자산인 바다를 너무 함부로 대하는 이웃 나라가 불만이었을 것이고, 반면에 능력이 충분한 나라는 바다를 사용하는데 이런저런 법을 만들어 불편하게 제약을 가하는 것이 불만이었을 것이다. 이후 1960년에 두 번째 회의를 열었지만 역시 합의하지 못했다.

그 후 1973년에 세 번째 회의가 시작되어 1982년까지 이어졌고, 1982년 11월 16일 마침내 「유엔해양법협약」이 체결되었다.

이렇게 탄생한 「유엔해양법협약」은 내수, 영해, 해협, 군도수역, 접속수역, 배타적 경제수역, 대륙붕, 심해저, 공해 등 바다를 공간적으로 구분하고 이 공간들 내에서 통항 방식, 자원 개발이나 해양환경 보호, 해양과학조사, 해양기술의 개발과 이전, 분쟁의 해결 방법을 담고 있다.

이 협약은 한 국가가 바다에서 행사할 수 있는 권리와 의무를 규정하는 동시에 바다 이용에 대한 질서를 담은 '바다의 헌장'이라 불린다.

바다에 대한 권리는 책임이 뒤따라야 한다

협약이 탄생하기까지의 상황과 배경을 보면, 이 협약의 출발은 바다를 이용하는 각 국가의 권리행사에 대한 기준과 이에 따른 일종의 행위 준칙을 세우기 위한 것이었다. 그러나 합의된 협약에는 바다에 대한 권리, 그리고 개발 행위와 함께 반드시 지켜야 할 해양환경 보호와 보존에 대한 규칙을 명시하고 있다.

「유엔해양법협약」은 총 17개의 장과 9개의 부속서로 구성되어 있으며, 이 중 제12장에서 각 국가는 해양환경을 보호하고 보존할 의무를 져야 한다고 규정한다. 바다로 흘러들 수 있는 모든 오염원을 통제하고 관리해야 하는 것이다. 또한 협약 제207조 1항에서는 해양환경 보호와 보존을 위해 국가는 전 지구적으로, 또는 지역적으로 협력해야 하며, 아울러 국내적으로는 해양환경 보호를 위한 관련법을 제정하여 시행하도록 하고 있다.

특히 이 협약에서 강조하는 것 중 하나는 바다는 하나로 연결되어 있다는 것이다. 이에 따라 협약 제194조에는 바다에 대한 권리가 주어진 국가의 책임을 규정하고 있다. 즉, 자국의 바다라고 할지라도 어떤 행위로 바다를 오염시킬 소지가 있을 때는 그 상황을 투명하게 알리고 대책을 마련해야 한다는 책임이다. 바다는 하나로 연결되어 있기에 한 나라의 바다 오염 행위는 이웃 국가나 또는 세계적으로 영향을 줄 수 있기 때문이다.

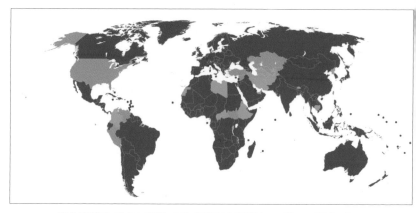

「유엔해양법협약」 비준 국가_ 회색을 제외한 연두색과 초록색은 협약에 서명했거나 비준한 국가들이다

이렇듯 '바다의 헌장'으로 불리는 「유엔해양법협약」은 바다를 이용하는 사람들의 자세와 질서를 지키고자 하는 전 세계의 광범위한 약속이다. 바다와 자원을 개발하고 이용하려는 나라의 권리와 책임, 바다 생태계 보전에 관한 사항은 물론이고 바다를 둘러싸고 발생할 수 있는 분쟁의 조정과 절차에 관한 사항을 다루고 있다. 세계 각국은 바다를 대하는 자세에 대한 규칙에 합의했고, 이 규칙을 착실히 지키고자 한 것이다.

이 협약에서 약속하고 합의한 대로 자국의 권리에 대해 책임을 다하는 자세로 바다를 대한다면 바다를 둘러싼 나라 간의 갈등이 일어나지 않을 듯이 보이기까지도 한다.

  현재 우리나라를 비롯해 160개가 넘는 국가가 이 협약에 가입하여 바다를 이용하는 데 지켜야 할 질서 유지와 자원과 환경 보존에 대한 책임을 다하기 위해 노력하고 있다.

배들도, 육지의 사람들도
바다를 오염시키면 안 된다

거대한 유조선의 좌초가 쏘아 올린 공

달리는 자동차로 가득 찬 도로에 비하면 바다에서 일어나는 선박 사고는 그리 많지 않을 것처럼 보인다. 바다는 넓은 면적에 비해 상대적으로 배의 통행량이 적기 때문일 것이다. 그렇다고 바다에서 교통사고, 즉 '항행 사고가 일어나지 않는 것은 아니다. 또한 육지에서의 사고와 달리 바다라는 공간에서 항행 사고가 일어나면 즉시 발견하기가 어렵고, 재빨리 수습하기도 어렵다. 특히나 사고가 난 배에 기름이 실려 있다면 문제는 걷잡을 수 없이 커진다. 이러한 항행 사고가 많은 사람들에게 경각심을 일깨운 것은 1967년의 어느 날이었다.

　어느 봄날 저녁, 영국의 잔잔한 바다 가운데 어마어마하게 덩치 큰 배가 바닷속에 숨어 있던 암초에 걸려 부딪쳤다. 설상가상으로 배에는 무려 11만 톤이 넘는 기름이 실려 있었다. 초대형 유조선이었다. 유조선 '토리 캐니언(Torry Canyon)'은 총길이 297미터에 18개의 원유 탱크를 장착한 배로, 그 당시로는 세계에서 가장 큰 유조선으로 유명했다. 여러 개의 암초에 부딪힌 이 배는 여지없이 두 동강이 나 버렸고, 원유 탱크 18개 중 14개에 구멍이 났다. 구멍 난 탱크에서 시커먼 기름이 흘러나왔고, 그 어마어마한 양의 석유는 바다에 재앙을 가져다주었다.

토리 캐니언호 좌초 사고_ 거대한 유조선 토리 캐니언호가 좌초되면서 기름이 유출되었다.

사고가 난 바다에 인접한 많은 국가가 온갖 방법으로 석유를 걷어내려 안간힘을 썼다. 하지만 해류를 따라 점점 넓어진 기름띠는 인간의 힘으로 말끔히 처리하기엔 역부족이었다. 영국 남서부 해안이 평화롭고 깨끗했던 예전으로 회복하는 데에 10년이 넘는 시간이 걸렸다.

선박이 일으킨 바다 오염을 막아라!
「해양오염방지협약」

뜻하지 않게 일어난 유조선의 좌초, 그로 인해 바다로 쏟아지는 기름과 시커먼 기름을 뒤집어쓴 바다는 그 자체로 충격이었다. 그러나 이를 해결하기 위한 현실적인 논의가 이루어지면서 또다시 혼란이 빚어졌다. 바다에서 유조선이 좌초하여 사고가 나고 바다가 원유로 오염되었는데, 과연 이 책임을 누구에게 물어야 하는지에 관한 의견이 각기 달랐던 것이다.

당시만 해도 주인이 있는 것 같기도 하고, 아닌 것 같기도 한 애매한 바다라는 공간에서 발생한 사고 관리에 대해 일정한 규칙이나 선례가 존재하지 않았다. 상식적으로 사고를 내서 바다를 오염시킨 배의 주인에게 물질적 배상책임을 묻는 것이 당연해 보인다. 그러나 당시에는 법적 근거가 없어 책임을 묻는 것이 불가능했다. 당시 해양법에는 선박 사고에서 선주는 배와 화물, 인명피해에 대해서만 책임지도록 규정했기 때문이다.

전 세계 사람들은 이 엄청난 사고와 이로 인해 망가진 바다, 죽어 가는 수많은 바다 생명체를 보면서 큰 충격을 받았다. 또한 바다를 오염시킨 행위가 일으킨 막대한 손해와 결과를 보면서 선박의 기름 유출과 같은 사고로 벌어진 바다 오염에 관한 새로운 규정이 필요하다고 생각했다. 이로써 오염의 원인을 제공한 선박 소유자가 오염된 바다에 대한 책임을 지도록 하자는 분위기가 무르익었고, 이 기회에 선박이 일으킬 수 있는 오염에 대한 규제를 더욱 강화하자는 국가 간의 약속이 이루어졌다.

이것이 「해양오염방지협약(MARPOL 73/79)」[08]으로, 선

08 정식 영어 표기는 'International Convention for the Prevention of Marin Pollution from Ships, 1973 & International Convention for the Prevention of Marin Pollution from Ships as Modified by the Protocol of 1978'이다. 1973년에 체결된 선박으로부터 해양오염 방지를 위한 국제 협약을 1978년에 의정서(국가 간 합의 문서)의 형태로 일부 개정하여 1973년 기존의 내용과 1978년에 개정된 내용을 결합하여 1973/1978로 표기한다.

박에서 발생할 수 있는 오염을 규제하고 관리하기 위한 대표적인 국가 간의 협약이다. 이 협약은 원유뿐만 아니라, 선박에서 비롯되는 기름을 포함한 액체로 된 해로운 물질, 그리고 선박에서 내뿜는 기체로 발생할 수 있는 대기오염에 이르기까지, 배가 항해하면서 일으킬 수 있는 모든 오염원을 차단하기 위한 의무와 관리 절차를 다루고 있다.

다시 말해 기름 오염과 유해한 액체·기체와 같은 것 때문에 일어날 수 있는 바다 오염을 방지하기 위해서 갖추어야 할 시설 장비, 금지 대상, 사전 검사 등의 절차다. 또한 오염 사고가 발생했을 때 오염의 확산과 악화를 막기 위해 취해야 할 조치 의무와 오염 사고의 책임 소재 등에 대해서도 밝히고 있다. 전문에 '기름과 기타 유해물질에 의한 해양환경의 고의적인 오염을 완전히 제거하고 해양 사고로 인한 배출을 최소화할 것'이라는 목적을 명시하고 있다.

「MARPOL 73/79」는 바다 위의 배를 관리하는 사람 입장에서 보면 빈틈없고 까다로운 규칙이 아닐 수 없을 만큼 광범위하다. 총 6개로 이루어진 부속서는 선박에서

바다로 화물을 실어 나르는 우리나라 HMM의 대형 화물선

일어날 수 있을 법한 오염물질을 구분하여 이것들에 대한 규제와 관리 조항을 정하고 있다. 여기에서 말하는 선박이란 바다를 운항하는 모든 배를 의미하는데, 군함 등과 비상업적 용도의 배는 제외한다. 이 협약에는 2018년 기준으로 156개국이 가입하고 있으며, 협약을 지키기로 한 가입 당사국은 국가 선박 등록부에 기재된 선박에 대해 책임을 져야 한다.

버릴 수 있는 곳은 넓디넓은 바다뿐?

바다는 넓고도 넓다. 또 무엇을 버리든, 어떤 행위를 하든 말끔히 처리해 줄 것처럼 거대하다. 그래서일까? 인간은 아주 오래전부터 오물과 분뇨, 음식 찌꺼기는 물론이고, 시신까지도 바다로 보냈다. 이후, 바다에서의 활동이 늘어나고 바다와 밀접한 생활을 하게 되면서 좀 더 적극적으로 바다에 무언가를 버리기 시작했다.

고기잡이를 하면서 나온 쓰레기, 음식을 해 먹고 남은 음식물 쓰레기, 장난감이나 배설물까지 주저 없이 바다에 버렸다. 바닷길을 여행하면서 생겨난 쓰레기는 말할 것도 없고, 내 눈앞에 쌓인 쓰레기도 바다로 던져 버리기 일쑤였다. 이렇게 개인이 바다에 버리는 종류와 양이 비교도 안 될 만큼 쓰레기가 늘어나기 시작했다.

산업화가 급진전되면서 등장한 공장과 기업들은 새로운 공업재료와 대량의 원료를 가공하고 남은 폐기물, 그리고 물건을 만드는 과정에서 생긴 또 다른 폐기물을 그야말로 정기적이고 대량으로 바다로 던졌다. 버려지는 쓰레기의 종류와 양은 점점 늘어났으며, 인간의 눈부신 기술로 만들어낸 원자력 발전 과정에서 나오는 각종 방사능 폐기물까지 바다에 버렸다. 지금 당장은 내 눈에 보이지 않고, 더러움을 씻어내어 스스로 정화할 수 있는 무한한 바다라고 생각했다.

또한 현실적인 이유와 핑계도 있었다. 육지에는 이렇게 많은 쓰레기를 버릴 마땅한 곳이 없으며, 바다만큼 잘 수용하는 환경이 없다는 것이었다. 이 때문에 한때는 바다에 한 곳을 정해 두고 버릴 폐기물에 대해 허가를 받으면 이런 행위는 합법이 되기도 했다.

심각한 북해의 오염 문제가 세계의 약속 「런던협약」으로

일찍이 공업이 발달한 유럽 국가들은 산업개발 과정에서 발생한 각종 폐기물을 그들의 북쪽 바다에 버렸다. 폐기물이 생기면 모아 두었다가 어느 바다의 적당한 곳을 찾아 배로 실어서 버리는 형태로 말이다. 그런데 점점 많은 나라가 더 많은 양의 폐기물을 바다로 버리면서 바다에 문제가 생기기 시작했다. 공장에서 버리는 온갖 화학물질과 중금속이 섞인 폐수와 물질, 가축분뇨, 음식물 쓰레기까지 계속 더 불어나는 폐기물로 바다는 점점 오염되었다. 뿐만 아니라 분해되지 않고 바닥에 쌓인 폐기물은 바다의 바닥을 오염시키면서 주변 생물이 죽는 일도 벌어졌다.

북해를 끼고 있는 유럽의 많은 국가는 자신들이 버리는 폐기물로 바다가 오염되고 바다 생태계가 파괴되고 있음을 비로소 깨달았다. 이에 1972년 2월 노르웨이의 오슬로에 모여 하나의 협정을 맺었다. 오염을 일으키고 생물을 살 수 없게 하는 독성 폐기물은 바다에 버리지 말자는 내용이었다. 이들은 바다에 버리는 폐기물을 각각 블랙 리스트(black list), 그레이 리스트(gray list), 화이트 리스트(white list)와 같이 세 가지로 분류하여 이 리스트별로 규정을 정했다.

블랙 리스트는 대체로 분해가 되지 않는 플라스틱과 같은 합성 화합물, 원유, 윤활유, 고준위 방사성 폐기물, 수은, 카드뮴 등과 같은 독성 물질 등이다. 그레이 리스트의 경우에는 버리기 전에 특별한 절차를 거쳐 허가를 받아야 하며, 화이트 리스트는 좀 더 느슨한 과정과 조건으로 허

가를 받아 버리도록 하는 것이었다. 이렇게 먼저 「오슬로
협약」이라는 이름으로 북유럽 국가 간의 협정이 이루어졌
고, 그해 12월 런던에 모인 세계 82개국은 북유럽 국가들
이 맺은 이 협약을 모두 다 같이 지키기로 합의했다. 이것
이 「런던협약(London Convention)」이다.

일부를 허용한 「런던협약」 '72에서 전면 금지의 「런던협약」 '96 의정서」까지

「런던협약」[09]은 해양환경 분야에서 전 세계가 맺은 최
초의 협약이다. 바다에 버려지는 폐기물로 인한 바다 환
경의 문제는 인간의 눈으로 제일 먼저 발견한 심각한 사
안이었기 때문이다. 이 협약은 인간이 바다를 대하면서
처음으로 자각한 반성의 결과로 보인다. 또한 이 협약에
서 시작된 인간의 문제 인식과 반성이 점점 더 보이지 않

~~~~~~

09　정식 명칭은 'Convention on the Prevention of Marine Pollution by Dumping of
Wastes and Other Matter(폐기물 및 기타 물질의 투기에 의한 해양오염 방지에 관한
협약)'으로 쓰레기나 기타 물질을 버림으로써 발생할 수 있는 바다의 오염을 막기 위해
마련한 협약이다. 처음에는 '런던덤핑협약(London Dumping Convention)'으로 불리
다가 '런던협약'으로 명칭이 바뀌었다.

는 바다 깊은 곳까지 퍼져 나갈 수 있었을 것이다.

이 협약에 가입한 국가들은 어떠한 경로로든 폐기물을 바다에 버릴 수 없게 되었다. 협약에는 선박, 항공기, 선착장 그리고 바다 위에 세워진 인공구조물에서도 폐기물을 바다에 버리지 못하도록 하고 있다. 앞서 말한 대로, 「오슬로협약」에서 규정한 세 가지 리스트에 해당하는 물질들에 각각 상응하는 절차를 거쳐 허가받도록 하거나, 아예 버리지 말도록 하자는 것이다.

그렇다면 이 세 가지 리스트에 올라 있는 폐기물 외에는 바다에 버려도 된다는 것인가 하는 의문이 들 수 있다. 다시 말해 기술개발에 민첩한 인류는 생각지도 못했던 새로운 물질과 재료를 끊임없이 개발하고, 바다에 나가 오염을 일으키는 사람이 점점 더 많아지는데, 이 변화와 위험은 어떻게 감당할 것인가 하는 것이었다.

이 때문에 최초 「런던협약」이 채택되었던 1972년 이후, 협약 당사국이 모여 머리를 맞댔다. 그리고 1996년 일종의 「런던협약」에 대한 개정판을 채택했는데, 바로 「런던협약 1996 의정서」다. 이전의 「런던협약」과 「의정서」의 차이는 그리 복잡하지 않다. 「런던협약」이 '이것은

「런던협약」당사국 회의_ 폐기물로 인한 바다 오염을 관리하기 위해 정기적으로 회의를 연다.

북해에서 벌이는 석유 시추

북유럽 바다

버리지 말자'고 한 약속이라면, 「의정서」는 '이것만 버리도록 하자'는 약속이다.

좀 자세히 들여다보면, 「런던협약 1996 의정서」에는 자연적으로 분해가 가능한 물질, 불가피하게 바다에서 처리해야 할 8개만 허용하고 있다. 즉, 하수 오염 침전물, 준설물질, 생선 폐기물, 천연기원 유기물, 불활성 무기지질 물질, 플랫폼-해상구조물, 강철-콘크리트 재질의 대형 물질, 이산화탄소 스트림(CO_2 stream, 포집한 이산화탄소를 고농도로 압축한 물질)이다. 「런던협약 '96 의정서」에 가입한 나라는 현재 우리나라를 비롯해 총 36개국이다. 협약 당사국은 여전히 새롭게 등장하고 있는 인간의 오염물질이 바다에 버려지지 않게 해마다 회의와 연구를 거듭하고 있다.

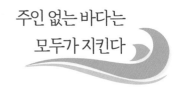

주인 없는 바다는
모두가 지킨다

주인이 없는 바다? 모두가 주인인 바다!

무주공산(無主空山)이란 주인이 없는 빈산을 뜻한다. 주인 없이 비어 있어 누군가가 먼저 뛰어들면 주인이 될 수 있다는 뜻으로 쓰이기도 한다.

딱히 주인이 정해지지 않은 공공의 물건, 공동의 공간에 대한 권리와 책임의 문제는 애매할 수밖에 없다. 물론 무주공산이란 말처럼, 주인이 없는 공공의 물건과 공간에 대한 권리와 자유에 대해서는 어느 정도 너그럽다. 공동이 쓸 수 있고, 공공의 자산이기 때문에 누구라도 능력껏 자유롭게 누리고 싶어 한다.

바다에도 이런 영역이 존재한다. 바로 공해(公海)다. 공산과 공해, 아주 비슷해 보인다. 그러나 이 공해의 개념은 비어 있는 것으로 표현한 산과는 개념이 다르다. 공해는 주인이 없는 바다가 아니라, 공동의 것으로 보는 것이 옳다. 누구도 독점적인 주인이 아닌 바다, 즉 공동의 바다라는 뜻이다.

바다를 칼로 자르듯 뚝 잘라 구역을 정하는 것이 가능할까 싶기도 하다. 그래도「유엔해양법협약」이 탄생하면서 바다에 대한 권리와 의무의 범위와 함께 한계를 정해놓았다. 어려운 개념이기는 하나 간단히 공해의 개념부터 알고 가기로 하자.

「유엔해양법협약」이 탄생하기 전, 모든 바다는 누구나 자유롭게 이용할 수 있는 대상이었다. 그러나 바다도 영토처럼 소유하고 그곳 자원을 맘껏 개발하기를 바랐던 세계 각국은 마침내 바다에 내 것과 네 것을 정하는 원칙을 세웠다. 그런데 아무리 경계를 짓고 구분하려 해도 거리상으로나 연관성으로나 어느 한쪽에 권리를 줄 수 없는 공간이 존재했다.

다시 말해, 내 나라 안의 바다(내수), 영토와 인접하여

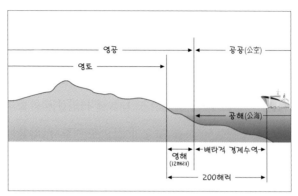

「유엔해양법」에 따른 바다 구분(그림 : 오지혜)

영유권 행사가 가능한 바다(영해), 영해 바깥쪽과 인접하여 권한을 행사할 수 있는 수역(접속수역), 그리고 탐사, 개발, 이용, 보전, 관리와 같은 일종의 경제적 권리를 가질 수 있는 바다(배타적 경제수역)까지를 국가의 권한 범위라고 한다면, 이런 해역들을 제외하고도 남는 바다가 있다. 이를 공해(High Sea, 公海)라고 이름 붙였고, 이 공해는 모두가 자유롭게 이용할 수 있는 공동의 바다로 정했다. 이렇게 공해는 어떤 나라에도 귀속될 수 없지만, 누구에게든 열려 있는 구역이다.

공해를 지키기 위한 약속, 「유엔공해어업협정」

　세계 지도를 펼쳐 보면 여섯 대륙을 둘러싼 푸른 바다가 눈에 들어온다. 언뜻 보아도 대륙에 자리한 국가들과 먼 거리에 있는 바다를 누구의 것으로 정할지, 마땅한 논리를 찾기가 어려워 보인다. 자칫 그 권리를 잘못 정했다가는 서로 받아들이지 못하고 싸움이 일어날 수도 있다. 그렇게 해서 모두의 자산으로 남겨 둔 공해는 어떤 나라에도 귀속되지는 않지만, 말 그대로 모두가 주인처럼 잘 다루어야 할 재산인 셈이다.

　이 공해는 지도상에서 보면 공통적으로 각 국가와 멀리 떨어져 있고 모든 나라에 자유롭게 개방되어 있지만, 사실은 기술력과 정보력에 따라 이용할 수 있는 나라들이 한정된다. 이 먼 바다까지 가는 데 오랜 시간이 걸리기 때문에 안전하고 더 큰 배를 만들어야 하고, 더 많은 사람들이 힘을 모아 나아가야 한다. 특히나 그 먼 바다로 나가 물고기를 잡으려면 일정한 규모의 조직과 기술, 그리고 자본이 필요해 제약이 따르기도 할 것이다.

　때문에 공해로 분류되는 먼 바다로 나가 물고기를 잡

을 수 있는 나라는 몇 안 될 것이고, 자연히 이곳의 질서와 환경이 잘 유지되리라는 것이 보편적인 생각이다. 즉, 그곳은 오염이 적고, 물고기도 풍족하게 살고 있으리란 것이다. 그곳에는 참치, 상어, 고래와 같은 가까운 바다에서는 볼 수 없는 귀한 물고기와 생물이 많은 것이 사실이다. 따라서 먼저 뛰어들면 누구나 주인이 될 수 있는 이 바다는 보물 창고나 다름이 없었다.

넓고 거친 바다를 항해할 수 있는 튼튼한 선박과 자본이 있고, 한번 나가면 만선으로 돌아와 결코 들인 비용에 손해를 보지 않을 만큼 어업 기술이 발달한 나라들에게 공해는 기회의 바다였다.

주인 없는 저 마을에 누구도 심지 않았는데 탐스럽게 익어 가는 사과나무가 수천 그루 있다고 하자. 내가 몸을 부지런히 움직이면 자루 가득 사과를 가져올 수 있는데, 여건이 허락한다면 이를 마다할 사람은 별로 없다. 그렇게 가져온 사과는 내가 먹어도 좋고, 내다 팔아도 이득이니 말이다.

이 공해라는 바다도 옆 동네의 돈 되는 사과밭과 같은 곳이었다. 당연히 여건을 갖춘 나라들은 태평양, 인도양,

대서양 할 것 없이 공해라 이름 붙인 곳으로 나가 돈을 벌려고 했다.

상황이 이렇다 보니 원양어업이 주로 이루어지던 공해에 사는 물고기들이 점점 줄어들게 되었다. 또한 이 공해라는 공간은 일정하게 거리를 좁혀 들어가면 몇몇 나라의 바다 경계와 맞닿을 수밖에 없는 탓에 이 경계상에 있는 나라의 불만이 컸다. 바다는 하나로 연결되어 있고, 그 속의 물고기는 헤엄쳐 얼마든지 자기 나라로 들어올 수 있는데, 공해에서 물고기를 마구 잡는 것은 결과적으로는 내 바다 안으로 들어올 물고기를 미리 다 잡아 버리는 것과도 같다는 것이다.

이런 이유로, 공해로 나가 어업을 하는 국가와 그 경계에 인접한 국가 간에 다툼이 잦게 되었다. 내 것일 수 있는 것을 먼저 가져간다는 단순한 권리에 대한 분쟁을 넘어 경쟁적 조업으로 빚어진 심각한 자원 고갈 문제가 크게 떠올랐다.

경쟁적으로 이루어지는 조직적인 어업 때문에 자연적으로 번식하고 세대를 이어 유지되어야 할 어족 자원의 균형이 무너지고 있다는 조사 결과가 심각하게 다루어졌다. 동시에 인접한 국가의 자원 감소에 영향을 주고 있다는 현실적인 결과에 주목했다. 이윽고 모두가 잘 지켜야 할 공동의 바다에서 질서를 회복하고 자원을 보존하기 위한 조치와 관리가 필요하다는 데 의견을 모았다.

당시, 바다의 헌장으로 불리는 「유엔해양법협약」에도 바다의 경계를 오가는 어족(경계 왕래 어족)과 떠났다가 다시 회유하는 어족(고도 회유성 어족)에 대한 규정이 있었다. 그러나 협약에서 다루는 일반적인 규정만으로는[10] 점점 더 심해지는 공해에서의 조업 분쟁을 관리하기에는 역부족이었다.

이 때문에 「유엔해양법협약」에서 제시된 공해자원 관리에 대한 사항을 좀 더 구체적으로 이행하기 위한 국가 간 회의가 거듭되었고, 총 6차례의 회의를 거치고서야 「유엔공해어업협정」이 탄생하게 되었다.

협정은 자국의 바다 권리 경계를 넘나드는 어종 보존

---

10 「유엔해양법협약」 제87조(공해의 자유)에서 일정한 조건을 충족할 경우, 공해상의 어업이 자유로움을 규정하고 있다. 제116조와 117조와 118조는 공해에서의 경계 왕래 어족과 고도 회유성 어족, 공해 생물자원에 대한 관리 및 보존에 대한 일반 규칙으로 구체적인 보존 방법 등이 없다.

과 관리를 논의하던 '경계 왕래 및 고도 회유성 어족[11]에 관한 유엔회의'라는 이름의 회의에서 국가 간의 합의로 채택되었다. 짐작하겠지만 6차례에 걸친 회의를 하면서도 공해를 제약 없이 더 자유롭게 이용하려던 나라와 내 나라 바다와 공동의 바다를 더 보호하려는 나라 간의 이견은 좀처럼 좁혀지지 않았다.

「유엔공해어업협정」은 2001년에 발효되었으며, 현재는 우리나라를 비롯해 총 80여 개국이 가입한 상태이다. 협정에는 공해에서 물고기를 잡을 수 있는 조건과 물고기를 잡는 데 지켜야 할 의무를 규정하고 있다. 이는 곧 주인이 정해져 있는 것은 아니지만, 우리 모두의 바다이기도 한 공해에서 일어나고 있는 자원 고갈과 생태계 훼손에 대한 문제를 예방하고, 어족을 보존하기 위해 마련한 세계의 약속인 셈이다.

협정에는 공해에서 물고기를 잡으려면 면허와 허가를 받아야 하고, 어업에 이용하는 배와 도구도 정해진 국제 표준에 따라야 한다고 정하고 있다. 또한 어디에서 조업

---

11 회유 범위가 200해리를 넘어서는 어족(참치, 고등어, 병어, 새치, 꽁치 등)

을 하고 있으며, 얼마나 잡았는지를 기록하고 보고하도록 되어 있다. 뿐만 아니라 협정에 가입한 나라가 실제로 이 협정에서 지키기로 한 약속을 얼마나 잘 지키고 있는지를 보기 위해 별도의 감시인을 배에 태워 모니터링 하도록 하는 제도도 두고 있다.

정해진 방법으로 투명하게,
할당된 만큼만 잡을 수 있다

어획 할당 규칙으로 보호받는
참치, 전갱이, 명태

공해에서 어업을 하려면 「공해어업협정」에 따라 까다로운 규칙과 약속을 지키지 않으면 안 된다. 그럼에도 많은 나라들은 공동의 바다를 더 잘 보존하고 더 오랫동안 풍족하게 누리기 위해 까다로운 약속을 지키기로 했다. 「공해어업협정」과 협정의 뿌리가 되는 「유엔해양법협약」에서는 공해의 공동 자원인 회유성 또는 왕래 어족 자원을 협력하여 관리하기로 했고, 협력과 조정을 위해 각 지역에 수산관리기구[12]를 설치하여 수산자원과 생물자원을 서로 협력하여 보존하고 관리하고 있다.

이 때문에 공해의 자원을 보호하고 관리하기 위한 각국의 약속과 실천의 형태, 그리고 과정은 비슷한 양상을 보인다. 즉, 그 공해의 해당 어족이 자연적으로 새로운 세대를 생산하고 개체 수를 유지할 수 있는 한도를 넘어서지 않게 어획량을 유지해야 하고, 허가받은 어종과는 다른 종류의 물고기를 잡는 행위, 더 많은 물고기를 잡을 욕심에 허가되지 않는 그물과 다른 규격의 어구를 쓰는 행위 등을 관리하는 것이다.

문제가 되는 행위를 관리하고 규정하는 규칙은 잡는 행위를 하는 국가와 그 바다에 인접한 국가들과의 협상을 거쳐 마련된다. 일단 서로 합의하고 협약을 맺으면 많은 일이 일어난다. 협약에 규정된 관리사항을 지켜야 하기 때문이다. 또한 그 바다가 속한 지역의 국제수산자원관리기구 중심으로 해당 해역에 현재 어떤 어종의 자원이 얼마

---

12 지역수산관리기구(Regional Fisheries Management Organization, RFMO), 각 해역에 속하거나, 해당 해역에서 어업을 할 경우, 그 지역의 수산자원관리기구에 가입하고, 이 기구에서 합의한 협정에 따르고 있다.

나 있고, 이것이 얼마 동안 자연적으로 적정한 어족량을 유지할지 등에 대해 과학적인 조사와 평가를 한다.

그 결과에 따라 해당 해역에서는 얼마나 잡도록 하면 좋을까를 고민해서 협약에 가입한 나라별로 잡을 수 있는 물고기의 할당량을 결정한다. 이 할당량을 결정하기까지의 과정도 간단하지 않다. 할당량을 배분하기 위해 많은 것을 평가한다. 전년도에 그 나라가 물고기를 얼마나 잡았는지, 혹시나 무분별하게 물고기를 잡거나 생태계에 좋지 않은 영향을 주는 방식으로 물고기를 잡은 것은 아닌지를 살펴본다.

이렇게 복잡하고 까다로운 과정을 거쳐야 하지만, 세계의 많은 공해 지역에는 공동의 바다에서 이루어지는 어업의 질서를 유지하고 자원을 보호하기 위한 다양한 약속이 존재한다.

식탁에서 만나는 멸종위기종 참치, 「대서양참치보존협약」

누구나 한 번쯤은 간편한 반찬 대용으로 참치 캔의 뚜

경을 열어 본 경험이 있을 것이다. 또는 근사한 식당에서 마주한 알록달록 색감이 예뻤던 참치 회에 대한 기억이 있을 것이다. 사람의 입맛은 비슷해서 내가 좋아하면 다른 사람도 대부분 좋아한다. 그중에 이 참치는 어떤 식으로 먹어도 맛있어 인기가 대단하다.

우리나라에서 참치를 대중적으로 즐겨 먹기 시작한 것은 1980년대 이후로 기억된다. 이후로 참치는 어디서나 쉽게 접할 수 있는 음식이 되고 있다. 그러나 이렇게 늘 먹는 참치가 멸종위기의 생물이라는 사실을 아는 사람은 많지 않을 것이다.

참치는 분명 전 세계의 자원과 자연을 보호하기 위해 설립된 국제기구인 국제자연보전연맹(IUCN)[13]이 멸종위기종으로 지정해 관리할 뿐만 아니라, 유엔이 참치의 날 (5월 2일)을 지정할 만큼 위험한 상황에 처해 있는 어종이다. 이렇게 된 데에는 '수요와 공급'의 법칙이라는 간단한 경제 논리가 적용된 것으로 볼 수 있다. 세계식량농업

---

[13] 국제자연보전연맹(International Union for Conservation of Nature and Natural Resources, IUCN), 유엔의 지원을 받아 1948년에 설립된 국제기구이며, 세계 최대 규모의 환경단체이다. 자원과 자연, 동식물 멸종 방지를 위한 협력을 주도하고 있다.

참치잡이에 나선 대형선망 어선 _ 거대한 그물을 던져 참치를 잡고 있다(위).
깊숙이 넓게 깔린 그물에는 참치는 물론 다른 생물도 함께 잡힌다(아래).

바닷속을 누비는 참치(위)는 현장에서 곧바로 냉동 저장되며,
이후 수산시장에서 경매가 이루어진다(아래).

기구(FAO)의 통계에 따르면, 1950년대 참치 어획량은 60
만 톤이었지만, 현재는 10배 이상으로 늘어났다.

이와 함께 참치잡이에서 눈여겨볼 만한 부분이 있다.
바로 참치를 잡는 방식이다. 원양에서 잡히는 참치는 깊
이 300미터가 넘는 어마어마하게 큰 그물을 쳐서 떼로

건져 올리거나, 길이 150킬로미터에 달하는 그물에 미끼를 매달아 잡는다. 그런데 이때 더 자라야 할 새끼 참치는 물론이고 우리가 잘 아는 상어, 가오리, 고래 같은 덩치 큰 바다 생물이 함께 딸려와 죽게 된다. 어린 참치를 죽이고 그러잖아도 사라져 가는 희귀 해양생물까지 사라지게 하는 것이다.

맛있는 참치 고기를 먹는 우리는 좋지만 바로 이러한 고기잡이로 참치는 멸종위기에 처한 것이다. 이렇게 하여 여러 나라들이 참치잡이에 대한 합의와 약속을 정했다. 참치잡이가 이루어지는 남태평양, 동부태평양, 중서부태평양, 대서양, 인도양의 수산자원관리기구에서 합의한 약속이 지켜지고 있다. 이 지역들은 각기 다르지만, 참치를 보존하고 관리하기 위한 국가 간의 약속과 의무, 즉 협약의 내용과 형태는 동일하다.

그중 하나가 「대서양참치보존협약(International Convention for the Conservation of Atlantic Tunas)」이다.[14]

---

[14] 전 세계적으로 참치 자원을 관리하기 위한 지역해 수산자원관리기구는 5개다. 남태평양, 동부태평양, 중서부태평양, 대서양, 인도양 등 다른 지역에서 같은 관리 원칙을 적용하고 있다.

1966년에 채택된 이 협약에서는 일정한 무게가 되지 않은 참치는 잡을 수 없도록 하고, 참치의 산란지인 멕시코 만(灣)을 보호하기로 하는 등의 약속이 이루어졌다.

그물로 끌어 올리는데, 허가된 일정한 무게의 참치를 잡는지 그렇지 않은지를 어떻게 관리할 수 있을까 하는 궁금증이 든다. 한꺼번에 그물을 던져 물고기를 잡을 경우, 의도하지 않게 목적한 어종만 잡을 확률보다 그렇지 않을 확률이 더 높다. 그럼에도 목표 어종의 일정 크기를 잡을 수 있는 그물을 사용하게 함으로써 이를 방지한다.

또한 원양어선에 승선해서 서로 맺은 협약의 규칙을 잘 지키며 조업 활동을 하는지 감시하는 '옵서버(Observer)' 제도를 국제적으로 운영하고 있다. 현재 이 협약에 가입한 국가는 17개국으로, 협약에 규정된 수역에서 참치를 잡을 경우 할당된 양만 잡을 수 있다.

두루 쓰이는 전갱이,
「남태평양 공해 수산자원 보존관리협약」

몸길이가 대략 40센티미터인 전갱이는 우리나라에도

살지만 주로 따뜻한 온대 해역에 분포한다. 회는 물론이고, 말려서도 먹고 구워서도 먹는 등푸른생선이다. 게다가 양식장 물고기의 먹이나 가축의 사료로도 쓰이는 두루두루 유용한 물고기이기도 하다.

이 전갱이는 피지, 투발루, 솔로몬제도 등 작은 섬나라들이 있는 아름다운 남태평양에서 가장 흔한 어종이다. 그런데 언젠가부터 이 전갱이가 급격히 사라지기 시작했다. 전갱이가 많기로 잘 알려진 이 해역에 세계의 어부들이 덩치 큰 원양어선을 끌고 태평양으로 진출해 성능 좋은 기계와 더 많이 끌어 올릴 수 있는 방법으로 전갱이를 싹쓸이했기 때문이다. 전갱이를 연구하는 과학자들은 이대로 가면 전갱이가 사라지고, 전갱이가 사라지면 바다 생태계의 균형도 무너질 것이라고 경고했다.

이러한 경고는 비단 남태평양 주변 국가뿐만 아니라, 원양어선을 타고 나가 전갱이를 잡는 나라들마저 자원 보존에 대한 필요성과 심각성을 느끼게 했다. 전갱이 자원을 보존하기로 하면 당장 기존에 잡았던 양보다 훨씬 적은 양을 잡아야 하고, 이는 곧 자국의 경제적 이익과도 직결될 수 있었지만, 자원 회복이라는 대의에 모두가 합의

트롤 어선(위)으로 잡은 대량의 전갱이(아래)

했던 것이다. 이렇게 해서 2009년 전갱이 자원 회복에 대한 논의가 이루어졌고, 「남태평양 공해 수산자원의 보존 관리협약(Convention on the Conservation and Management of High Seas Fishery Resources in The South Pacific Ocean,

CCMHSFRSP)」이 채택되었다. 이 협약에 가입한 국가들은 해마다 전갱이에 대한 어획 할당량을 받아 정해진 만큼의 양만 잡고 있다. 우리나라도 남태평양 전갱이 자원 보존을 위해 2012년 이 협약에 가입했으며, 협약에서 규정하고 있는 어획량 보고, 정해진 어구 사용, 해당 지역의 자원량 조사 등의 의무를 함께 실천하고 있다.

국민 생선 명태, 「중부 베링해 명태자원 보존관리 협약」

한때 명태는 우리나라의 국민 생선이었다. 명태는 상태에 따라 먹는 방법뿐만 아니라 부르는 이름도 참 다양하다. 예를 들면 잡은 그대로의 상태는 생태, 얼리면 동태, 반쯤 말리면 코다리, 추운 겨울에 고산지대에서 얼렸다 녹였다를 반복하면 황태, 바닷바람으로 바짝 말린 것을 북어라고 한다. 어떻게 해 먹어도 맛있는 생선이다. 흰살이 담백해서 누구나 좋아한다.

명태의 알 명란도 맛있다. 심지어 명태의 어린 새끼 노가리도 구워 먹는다. 그야말로 어떻게든 알뜰히 철저하게 먹어온 것이 명태다. 이렇듯 누구나 평범하게 먹었던 명태도 원양어업으로 공해의 먼 바다에서 잡아 올린 것이 많았다. 그런데 언젠가부터 이 명태에도 문제가 생겼다. 알래스카와 시베리아 대륙을 끼고 있는 미국과 러시아는 명태 어족이 풍부한 베링해에 접한 자국의 바다에 대한 권한과 관리를 강화했다.

이 때문에 원양어선들은 베링해 공해에서 벌이는 명태잡이에 더욱 열중할 수밖에 없었다. 경쟁적으로 잡아 올린 명태는 점차 그 자원이 줄어들 수밖에 없었다. 원양어선이 몰린 베링해 공해상 동쪽의 미국과 서쪽의 러시아는 자국의 경계에서 오가는 왕래성 어종인 명태 자원 문제는 결국 자국 내의 자원 감소와도 영향이 있다고 판단하고 공해의 명태 자원 보호를 위한 명태잡이 규칙이 필요하다고 주장했다. 이윽고 1995년, 잡을 수 있는 명태의 양을 한정하는 협약을 채택하게 되었다. 바로 「중부 베링해 명태자원 보존관리협약(The Convention on the Conservation and Management of Pollock Resource in the Central Bering Sea, CBSPC)」이다.

회원국은 원양어업 행위를 하는 국가(조업국)와 이 해

역에 인접한 국가(연안국)로 우리나라를 비롯해 미국, 폴
란드, 중국, 러시아, 일본 등 6개국이다. 다른 어종 보존
협약과 마찬가지로 이 협약에서도 과학적인 조사에서 명
태의 자원량을 산정하고 이 자원이 167만 톤 이상일 경
우에만 자원량에 따라 일정하게 어업 행위를 할 수 있도
록 정하고 있다.

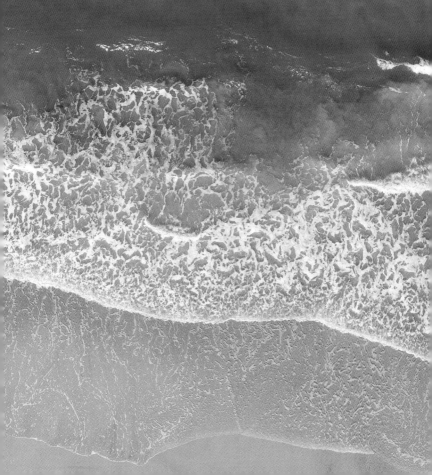

넷

———

책임이 필요한 바다,
약속에 대한 작은 실천과 이행이 모여…

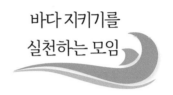

바다 지키기를
실천하는 모임

바다에 대한 책임과 약속을
이행하는 사람들의 모임

그렇다면 바다는 몇몇 나라만 지킬 수 있을까? 바다
를 지키기 위해서는 나라의 대표가 되어 국제회의에서
법을 제정하는 위치에 있어야 할까? 세계 연합체인 UN
의 이름으로 공표된 '바다의 헌장'(해양에 관한 모든 사항
을 제정, 1982년 전 세계 162개국이 가입한 「유엔해양법협약」을
가리킨다)이라는 말은 멋있지만 나와는 상관없어 보인다.
UN, 세계, 협약, 협정, 합의…… 이 같은 단어는 나와
는 동떨어진 것처럼 느껴지는 것이다. 그러다 보니 바다

를 위해 개인이 할 수 있는 일은 없을 것 같다. 그러잖아도 대부분 사람들에게 바다는 너무 거대하고, 휴가철이나 가끔 가 보는 장소이니 말이다. 그래도 우리는 자주 바다에서 건져 올린 먹거리를 먹고, 일 년에 한 번쯤 바닷물에 뛰어들거나 노을 지는 바다의 풍광을 홀린 듯이 바라보기도 한다. 이 모든 것이 우리가 바다에서 누리는 혜택이다.

혜택을 누리는 사람에게는 언제나 책임이 따르는 법이다. 바로 이러한 생각으로 바다를 지키기 위해 스스로 할 일을 찾을 수도 있다. 과학자도, 정부 대표도 아니지만 바다에 대한 예의를 다하기 위해 더 적극적으로 행동하는 사람들이 있다. 이렇게 적극적으로 행동하는 방법에는 여러 가지 있는데, 각자의 처지와 생각에 따라 당장 실천할 수 있는 방법이 의외로 많다. 현재의 상황에서 바다에 대한 예의와 책임을 다하고 싶다면 이를 실천하는 사람들을 살펴보는 것도 좋을 것이다.

먼저 NGO(Non-Governmental Organization, 비정부기구)라는 민간단체를 꾸려 실천하는 사람들이 있다. NGO는 단어 그대로 해석하면 정부기구가 아닌 일반 시민들이 공익을 위해 일하는 기구라는 뜻이다. 국제사회에서 NGO의 개념은 유엔이 창설되면서 형성되었으며, 전국 또는 전 세계적으로 연대하는 것이 특징이다. 또한 한 국가에서의 활동에 그치지 않고 국제적으로 활동하고 있다. NGO는 NPO(Non-Profit Organization, 비영리기구)라고도 하는데, 이 표현에서도 알 수 있듯 특정한 이익을 추구하지 않는다.

NGO는 여러 영역에서 일어나는 문제를 해결하기 위한 기구로 다양한 목적을 띤 단체가 많다. 그 단체에서 활동하는 사람들은 우리와 같은 일반인이다. 그렇다면 바다를 지키려는 목적으로 바다와 바다 생태계 그리고 바다와 관련된 분야에서 적극적으로 행동하는 NGO에는 어떤 것이 있을까? 이와 관련한 NGO는 주로 환경보호를 함께 펼치는 단체들이다.

그중 대표적인 NGO는 바다 오염과 미세플라스틱과 같은 현재의 문제에 참여하는 '그린피스', 바다의 해양보호구역을 더 늘리고 불법 어업을 감시하는 '세계자연자연기금' 등 전 세계 곳곳에서 활동하는 단체가 있다. 또한 돌고래 포획을 반대하는 '동물자유연대', 그리고 해양환경 보호를 실천하기 위한 국내 NGO에는 해양쓰레기에 대한 조사와 해안가 해양쓰레기 줍기 같은 실천을 주도하는 동아시아바다공동체 '오션', '환경운동연합', '한국물사랑연합', '한국해양환경안전협회' 등이 있다.

이 NGO들은 일반 시민의 생각을 표현하는 단체다. 일반 시민의 생각과 정부의 생각이 다른가 하고 궁금해하는 사람도 있을 것이다. 하지만 앞서 살펴보았듯 국가끼리 바다에 대한 약속을 할 때는 온전히 바다 그 자체만을 생각하지 않는다. 바다를 보호하자는 의도는 같지만 자기 나라의 현실과 이익을 생각하지 않을 수 없기 때문이다.

따라서 어떤 나라는 제약이나 절차가 까다롭거나 일정 기간 또는 특정 지역을 보호하기 위해 어떤 행위를 금지하려 할 때 이에 반대하여 합의를 거부하기도 한다. 즉, 멸종위기종인 고래를 보호하자는 협약에 고래 고기를 먹는 나라들이 쉽게 합의하지 않는 예를 들 수 있다. 이러한 나라들은 '연구용' 목적으로 고래를 잡는 것은 허락한다는 조항을 넣은 뒤에야 고래를 보호하자는 약속에 합의한다. 하지만 연구용이라고 해도 고래가 죽는 것은 마찬가지라고 생각하는 일반 사람들은 국가끼리의 합의가 불만스러울 수도 있다. 그러한 사람들이 고래를 보호하는 NGO를 꾸려 행동하기도 한다.

NGO 단체들은 자기 나라를 포함하여 그 어떤 나라의 입장이 아닌 바다 자체를 먼저 생각한다. 국가나 기업이 손해를 보더라도 바다를 위해 더 많이 인내하고 희생해야 한다고 요구한다. 이 때문에 종종 정부에서 추진하는 정책에 반대의 목소리를 높이기도 한다. 예를 들어, 공해상에서 벌이는 원양어업은 국가의 경제력을 높이는 하나의 산업이라 정부 입장에서는 합법적인 선에서 최대한 많은 양을 잡기 위해 노력한다. 해마다 열리는 어획량 배정 회의에서 과학조사의 결과, 현재 유지하고 있는 국내 수역에서의 어획량 등의 어족자원을 보호하기 위한 각종 행동을 제시하는데, 이런 노력 끝에 배정받은 할당량이 많을수록 성공을 이룬 것이라 평가한다.

하지만 NGO의 입장은 다르다. 원양어업 자체가 바다의 생명체를 없애고, 공해의 해양생태계 질서를 뒤흔드는 행위이기 때문에 공해의 더 많은 해역을 어업 금지구역이나 보호구역으로 지정해야 한다고 주장한다. 만약

NGO의 주장대로 한다면 우리가 흔히 먹을 수 있는 참치 캔 같은 식품이 비싸지거나 이것을 만드는 회사의 이익이 줄어들 수도 있다. 따라서 이들의 행동이나 주장이 때로는 현실을 감안하지 않는 극단적인 모습이라고 말하는 사람들도 있다.

바다를 지켜야 한다는 의지와 목적은 같아 보이지만, 막상 행동과 실천을 해야 할 때엔 다양한 입장이 나타난다. 따라서 어느 한쪽이 옳고 그르다고 판단하기는 어렵다. 하지만 NGO의 활동과 실천이 바다와 바다의 생명체를 한 번 더 생각하게 한다는 점은 확실하다.

NGO의 활동은 일반인들도 할 수 있는 작은 실천에서부터 시작된다. 그러면 대표적인 NGO는 어떻게 시작되었고, 어떤 활동을 하고 있는지 살펴보자.

환경과 평화를 나란히, 그린피스

1971년 작고 낡은 보트 하나가 알래스카의 암치카(Amchitka) 섬으로 향하고 있었다. 알래스카 서부에 자리한 이 섬에서 진행하려던 2차 핵실험을 막기 위한 사람들이 탄 보트였다. 이 섬은 수천 마리의 멸종위기종인 바다수달과 흰머리독수리, 그리고 수많은 야생생물들의 보금자리였다. 또한 이 섬의 지역 주민들은 이미 핵실험으로 인한 해일에 버금가는 바다의 무서운 모습을 경험했기에 더욱더 두려워하고 있었다. 이 낡은 배에 탄 사람들은 섬으로 향하면서 라디오를 통해 그들이 왜 핵실험을 반대하고, 또 왜 이를 막아야만 하는지를 알렸다.

라디오 방송을 타고 나간 이들의 생각에 전 세계 많은 사람이 공감했다. 라디오 인터뷰 과정에서 이들은 자신들이 탄 배에 '푸른 환경(Green)'과 '평화(Peace)'라는 필사적인 두 가지 신념을 실었다고 말했다. 하지만 이들은 기다리고 있던 미군에 막혀 도중에 돌아와야 했다. 이후 이들은 미국 정부에 핵실험에 반대하는 항의 편지를 보냈고, 더 많은 사람이 이 문제에 공감할 수 있도록 캠페인을 벌이기도 했다. 이런 그들의 행동이 일으킨 파장은 작지 않았다. 라디오 방송을 들었던 많은 사람이 이들의 행동과 그 이유를 지지하며 그들의 행동에 동참했던 것이다. 그 결과, 다음 해인 1972년 핵실험이 중단되었다.

뿐만 아니라 이후 이 섬은 조류 보호구역으로도 지정되었다.

핵실험을 반대하고 위기의 야생동물의 보금자리를 지키려는 이들의 행동이 바로 '그린피스(Green Peace)'의 시작이었다. 그린피스는 애초에 핵(核)에 반대할 목적으로 결성된 국제적인 환경보호단체이며, 환경보호를 위한 활동은 바다와 관련이 많다. 1972년 그린피스가 결성된 이후로 바다의 환경과 바다 생물 보호를 위한 활동이 계속 이어지고 있다.

1993년 영국 주변 바다의 셰틀랜드 제도에서 8만 5천 톤의 기름이 바다로 유출되는 사고가 일어났을 때, 그린피스는 바다에 퍼진 기름을 제거하고 기름을 뒤집어쓴 바다의 야생동물을 구조하기 위한 활동을 벌였다. 또한 바다의 고래잡이 금지협약을 어긴 노르웨이 제품에 대한 불매운동을 벌여 전 세계 수천 명이 이 캠페인에 동참하기도 했다. 이들은 현재 우리나라를 비롯해 영국, 프랑스, 독일, 미국, 중국 등 전 세계 40개국 이상의 나라에 많은 지지자들을 확보하고 있다. 특히 그린피스 한국 사무소는 기후변화와 에너지, 그리고 해양 문제를 중심으

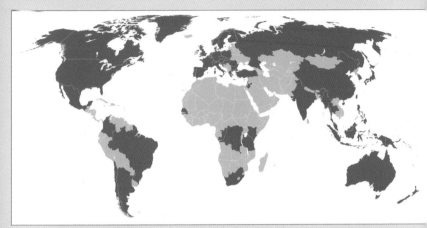

전 세계 그린피스 사무소 분포_지도의 초록색은 전 세계의 그린피스 사무소가 있는 국가를 나타낸다.

그린피스의 환경 감시선

로 활동하고 있다.

그린피스의 활동은 다양한 형태로 이루어진다. 먼저 일반인들의 지지와 생각의 전환을 이끌어 내려고 노력한다. 어떤 행동과 활동에 대한 취지와 목적을 대중에게 알리기 위해 각종 캠페인, 홍보활동, 성명서 발표, 환경보호 활동 등을 펼친다. 현재 바다 상황이 어떤지, 바다가 얼마나 오염되어 있는지, 현재 바다에 어느 정도의 자원이 있는지 등에 대한 조사와 연구도 진행한다. 바다에서 이루어지는 오염 행위 등을 감시하기 위해 정기적으로 감시선도 운항한다.

때로는 정부의 잘못된 정책과 판단에 대한 개선을 요구하고, 이익만 생각하고 바다의 환경을 훼손하는 기업을 조사해 이를 알리기도 한다. 이런 활동을 통해 한쪽으로 치우칠 수 있는 바다에 대한 우리 자세의 균형을 맞추려 노력한다. 이들은 지금도 바다 생태계와 환경, 바다로 흘러 들어가는 플라스틱에 대한 문제, 그리고 북극의 문제에 대해 목소리를 내고 있다.

지구상에 30마리뿐인 작은 돌고래를 지키는 사람들, 세계자연기금(WWF)

지구상에 단 30마리만 존재하는 아주 작은 돌고래가 있었다. 이 돌고래는 에스파냐어로 '작은 소'를 뜻하는 '바키타(vaquita, *Phocoena sinu*)'라는 이름으로 불렸다. 눈 주위에 검은 고리 모양이 있어 '바다의 판다'라고도 한다. 전 세계에 30마리라면 이는 곧 멸종위기종이다. 바키타는 주로 멕시코의 캘리포니아만(Gulf of California, 멕시코 서북쪽, 캘리포니아반도에서 태평양을 사이에 두고 있는 만) 북쪽, 그중에서도 맨 끝에서만 살았다.

'바다의 판다' 멸종위기종인 바키타가 그물에 걸려 힘겨워하고 있다.

언젠가부터 멕시코 어부들은 '토토아바(Totoaba, 민어의 일종)' 고기잡이에 열중했다. 토토아바의 부레가 값비싼 약의 재료로 팔리기 때문이었다. 어부들은 돈이 되는 토토아바를 잡기 위해 불법으로 그물을 여기저기 쳐 놓았다. 이 때문에 몸집이 최대 150센티밖에 안 되는 바키타가 그물에 같이 걸려 죽는 일이 일어났다. 이런 일이 몇 년 동안 벌어졌고, 그 결과 바키타는 멸종위기의 수준인 30마리 정도만 남게 되었다. 이 문제를 인식하고 멕시코 정부를 움직이게 한 사람들이 바로 '세계자연기금(World Wide Fund for Nature, WWF)'이다.

WWF는 바키타를 멸종위기에서 구하기 위해 이들의 서식지인 캘리포니아만에 대한 보호 강화와 불법어획의 차단에 대한 필요성을 멕시코 정부에 지속적으로 전달했다. 그리고 의도했든 그렇지 않았든 바키타를 사라지게 만든 어업인을 포함한 주민들의 관심을 이끌어내기 위해 캠페인을 벌였다. 남은 바키타를 보호하고 그들의 서식지인 캘리포니아만 북쪽 끝을 회복할 대책을 마련하지 않으면 바키타는 곧 멸종될 것이라는 사실을 알렸던 것이다.

WWF의 이 같은 목소리는 언론을 통해 지속적으로 퍼져 나갔고 정부와 일반인들의 경각심을 높였다. 그 결과 2016년 7월, 당시 미국 대통령 버락 오바마와 페냐 니에토 멕시코 대통령이 바키타를 보호하기 위한 차관급 협력 방안을 발표했다. 이렇게 해서 멕시코의 국립수산연구소(INAPESCA)와 세계자연기금 멕시코 지부(WWF-Mexico)가 지속 가능한 어업을 더욱 발전시키고 시행하기 위한 국제위원회를 설립하게 되었다. 바키타를 살리기 위한 WWF의 캠페인은 지금도 진행되고 있다. 그러나 2018년 조사 결과에 따르면, 30마리였던 바키타는 이제 9마리뿐인 것으로 나타났다.

WWF는 1961년 스위스에서 세계야생생물기금(World Wildlife Fund)으로 출발한 세계적인 비영리 환경보전 단체이다. 세계 100여 개국에 600만 명 이상을 후원자로 확보하고 있으며, 이들은 지구의 자연환경을 보전하고 인간이 자연과 더불어 살아가야 함을 선언하고 있다. 우리나라에는 2014년 본부를 설립해 활동하고 있다. 야생동물, 기후, 에너지, 식량, 산림, 물 보전 활동을 주로 벌이고 있다. 이와 함께 인간의 무분별한 어업 활동과 불법어구, 트롤[15]과 같은 마구잡이 어업으로 사라져 가는 바다의 야생동물, 특히 바다거북과 고래를 보호하기 위한 각종 활동과 캠페인을 벌이고 있다.

어업에서 인간의 반칙을 지적하는 WWF

WWF는 인간의 잘못된 어업 방식 때문에 사라져 가는 종으로 대구, 알래스카명태, 다랑어, 철갑상어 등을 지목했다. WWF는 이 어종들이 더 이상 인간의 무분별한 어획으로 희생되지 않도록 촉구하고 있으며, 생존의 위협을 받고 있는 생물 종과 생태계, 대체할 수 없는 생물 종과 생태계의 서식지에 대한 보전 활동을 진행하고 있다.

이들은 바다 생물이 멸종위기에 처하고 생태계의 질서가 무너지게 된 가장 큰 이유를 지난 수십 년 동안 바다를 정도에 지나치게 이용한 인간의 이기심 때문이라고 판단한다. 특히 지나친 어업 활동, 일종의 반칙성 어업 행위에서 그 이유를 찾고 있다. 이런 심각한 상황은 인간

15　동력선을 이용해 자루 모양의 그물을 깊고 넓게 펼쳐서 끌어 잡는 어업 방식으로, 광범위하게 분포되어 있는 어획물들이 끌려 올라온다.

바다에서 일어나는 혼획_ WWF는 인간이 잘못된 어업방식으로 잡아서는 안 될
해양생물들을 마구 끌어 올리고 있다고 지적한다.

의 욕심으로 잡아서는 안 될 것들을 잡아 올리는 데서
비롯되었다는 것이다.

명태를 예로, 그물코가 촘촘하고 바닥까지 이어져 있
는 대형 그물로 어린 명태이든 그렇지 않든 상관하지 않
고 싹 끌어 올린다는 것이다.

또한 사람이 아닌 유령이 물고기를 잡는다는 의미로
이름 붙인 이른바 '유령어업(ghost-fishing)'에 대한 문제도
지적하고 있다. 유령어업은 물고기를 잡는 어법을 이야기
하는 것이 아니다. 인간이 쓰고 난 뒤 아무렇게나 버린

어구나 그물이 마치 물고기를 잡듯이 헤엄쳐 다니면서 물고기의 몸을 감아 질식사시키는 것을 말한다. 그들은 인간의 부주의로 버린 이 어구들이 벌이는 유령어업으로 잡히는 물고기가 전체 어획량의 10퍼센트를 차지할 만큼 큰 문제가 되고 있다고 지적한다.

이런 맥락에서 WWF는 불법어획 어선에 대해 벌칙과 벌금 수준을 더 높일 것을 요구하는 활동을 벌이고 있다. 또한 실제 어선에 같이 타고 어업 활동을 감시하기도 한다. 뿐만 아니라, 생태계를 해치지 않는 방법으로 건져 올린 물고기를 비롯한 수산물과 기업을 인증하여 소비자가 이 제품들을 더 선호할 수 있도록 하는 활동도 벌이고 있다.

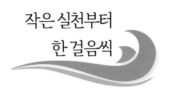

작은 실천부터
한 걸음씩

바다를 지키는 사람들, 국제 연안정화의 날

특별히 NGO에 가입하지 않아도 바다를 지키는 작은 실천은 누구나 할 수 있다. 우리는 가끔 우리나라 어느 해수욕장에서 쓰레기 줍는 사람들에 대한 뉴스를 접한다. 물론 그 일은 바다의 환경을 지키기 위한 활동으로 보도된다. 겨우 쓰레기를 줍는 것이 바다를 지키는 일이 될 수 있는지 의심하는 사람들도 있지만, 바다로 흘러 들어간 플라스틱을 비롯한 쓰레기는 해류를 타고 다른 나라의 해안에 닿거나 미세플라스틱이 되어 해양생태계를 망친다.

따라서 우리 앞바다를 청소하는 일은 바다의 환경을 지키기 위한 아주 중요한 일이다. 물론 매일 청소를 하면 좋겠지만, 세계의 많은 사람이 해변에 나가 청소를 하는 날을 기억했다가 함께 참여하는 것도 좋다.

매년 9월 셋째 주 토요일이 전 세계가 일제히 바다를 깨끗이 청소하기 위해 해변에 나오기로 약속한 날이다. 곧 '국제 연안정화의 날(International Coastal Clean-up)'이다. 현재 세계 100여 개국 50만 명의 자원봉사자가 매년 9월 셋째 주 토요일에 해변으로 모인다. 이 국제 연안정화의 날은 1986년 미국의 민간단체인 해양보전센터(Ocean Conservancy)가 텍사스주에서 시작했고, 3회부터 캐나다와 일본이 참여하면서 국제 행사가 되었다. 이 활동은 유엔환경계획[16]에서 후원하고 있다. 우리나라도 2001년부터 매년 9월의 셋째 주 토요일 이 행사에 참여하고 있다.

이날의 청소는 단순한 청소를 위한 활동을 넘어선다. 쓰레기를 집어서 봉투에 담는 청소와 함께 쓰레기의 종

---

[16] 유엔환경계획(United Nations Environment Program)은 지구 환경보호를 위한 국제 협력을 위해 설립된 국제기구로 본부는 케냐의 수도 나이로비에 있다.

우리나라에서 펼친 국제 연안정화의 날 행사

류와 개수를 조사하여 통계와 자료로 작성하기도 한다. 쓰레기를 줍는 사람은 자기가 주운 쓰레기가 어떤 종류 인지, 어디에서 주운 것인지를 기록한다. 이렇게 기록된

쓰레기 데이터 카드를 종합적으로 분석하고 수치로 정리하여 바다에서 발생하는 쓰레기의 양과 종류를 파악하는 데 쓰이고, 대중에게 해양쓰레기에 대한 인식과 경각심을 높이는 자료로도 활용한다.

실제로 우리나라에서 매년 시행되는 이 행사에서 자원봉사자가 제출한 기록은 전국의 해양쓰레기 양과 그 기원을 파악하는 좋은 자료로 활용되고 있다. 이렇게 해서 수집한 자료에 따르면, 해변에 가장 많이 발견되는 쓰레기는 담배꽁초, 낚싯줄, 플라스틱 조각, 식품 포장지, 플라스틱병, 유리병, 플라스틱병 뚜껑, 금속 캔, 비닐봉지 같은 것이라고 한다.

바닷속의 쓰레기를 잡는 다이버들

바다 쓰레기는 우리의 눈에 잘 띄는 해변에만 있지 않다. 우리가 해변이나 연안에서 보는 쓰레기는 해류에 떠밀려 들어온 것이지만, 이보다 더 큰 문제를 일으키는 것이 우리 눈에 보이지 않는 바닷속의 쓰레기다. 바닷속에서 볼 수 있는 쓰레기 종류는 다양하다. 함부로 버려진 그물, 양식상에서 쓰이는 스티로폼으로 된 부표, 그리고 배 위에서 버린 생활용품과 같은 것이 있다.

바다 쓰레기들이 떠다니다 해변에 쌓이면 오히려 수거하기가 쉽다. 하지만 바다 쓰레기는 바닷속으로 가라앉거나 물속을 떠다니면 바다에 사는 생물의 생명을 위협하는 무기가 된다. 그물이 바닷속에 가라앉으면서 헤엄치던 물고기를 가두어 질식시키는가 하면, 바닥으로 가라앉은 플라스틱은 분해되지도 않고 계속 잘게 부서져 바다에 떠다닌다. 뿐만 아니라 쓰레기가 가라앉으면 바닥과 물속에 독성이나 오염물질이 퍼져 나가 주위를 오염시킨다. 이러한 이유로 보이지 않는 바닷속 쓰레기가 더 문제다.

이 문제를 해결하기 위해 검은색 다이빙 슈트를 갖춰 입고 바다로 뛰어든 다이버들이 있다. 바다에 뛰어든 그들의 손에는 그물로 만든 자루가 하나씩 들려 있다. 그들은 구역을 나누어 바다 아래에서 열심히 작업을 한다. 그러고는 들고 내려갔던 그물에 온갖 쓰레기를 가득 담아 올라온다. 쓰다 버린 그물, 플라스틱 빈 용기, 깡통처럼 육지에 있는 것이 더 자연스럽지만 오랫동안 바다 밑

스쿠버들의 바닷속 청소와 바닷속에서 건져 올린 쓰레기들

에 자리하고 있던 쓰레기를 직접 가지고 올라오는 것이다. 바닷속에 가라앉은 해양쓰레기를 줍는 사람들, 그들은 '프로젝트 어웨어(Project Aware)'에 자원하여 참여하는 다이버들이다.

프로젝트 어웨어는 PADI(Professional Association of Diving Instructors, 프로 다이빙 강사 연합)[17]가 조직한 일종의 NGO로, 1992년에 창설되었다. 현재 우리나라를 비롯해

---

17 1966년 설립된 레크리에이션 다이빙 회원과 다이버를 교육하는 재단으로, 이 재단은 1992년 바다 환경보호를 위해 전문 다이버들의 자원을 받아 바닷속을 청소하는 '프로젝트 어웨어'라는 비영리 조직을 만들었다.

180여 개국의 다이버들이 이 프로그램에 참여해 바닷속 쓰레기를 수거하는 활동을 벌이고 있다. 이 활동에 참여하는 다이버들은 바닷속에서 건져 올린 쓰레기의 종류와 수, 분포 지역 등에 대한 자료를 정리해서 정부에 제공하기도 하고, 바닷속 쓰레기의 심각성을 알려 나라에서 더욱 관리를 잘하도록 이끌고 있다. 또한 자신들이 바닷속에서 본 모습과 문제점에 대해 편지 쓰기 캠페인, 사진 캠페인과 같은 일반 대중에게 바다 쓰레기의 심각성을 알리는 활동도 벌인다.

해변을 입양하여 돌보는 사람들, 그리고 바다 환경 지킴이

우리 주변 가까운 곳에도 바다와 해안을 내 집 앞마당처럼 가꾸고 싶어 하는 사람들이 많다. 바다를 입양해 평생 돌보고 가꾸기 위해 행동하는 사람들이 있다. 입양이라는 말이 조금은 어색하게 들릴지 모르나, 해변이라는 공간을 내 아이처럼 돌보는 사람들이다. 원래 혈연관계가 아닌데 법률적으로 자식과 부모의 관계를 맺는 것을 입양이라고 한다.

그런데 사람도 동물도 아닌 해변을 어떻게 입양한다는 것일까? 해변을 입양해 돌본다는 것은 해변을 깨끗하게 청소하고 특히 쓰레기나 플라스틱과 같은 장기적으로 바다에 해를 끼칠 수 있는 것들로부터 바다 환경을 보호하는 것을 뜻한다. 이 해변 입양 프로그램은 1986년 미국 텍사스주에서 시작되어 영국, 호주, 뉴질랜드와 같은 나라에서 운영하고 있다.

해변 입양 프로그램에 참여하는 데에는 특별한 자격이 없다. 남녀노소 누구나 바다를 사랑하는 마음이면 된다. 우리나라에서도 2020년 해변 입양 프로그램과 비슷한 '반려해변'을 선정하여 바다 돌봄 프로그램을 운영하고 있다. 해양환경을 관리하는 해양수산부에서 해변 입양 프로그램을 응용하여 반려해변 프로그램을 마련한 것이다. 평생 같이하는 반려동물처럼 해변을 나와 오랜 시간을 함께할 존재로 여겨 아끼며 돌보고자 하는 뜻으로 해석할 수 있다.

현재 국내 몇몇 기업과 기관이 제주, 경상남도, 인천 그리고 충청남도의 해변을 반려해변으로 신청해 돌보고

해변을 깨끗이 청소하고 바다 환경을 보호하는 바다 지킴이 활동

있지만 곧 일반인들도 이 프로그램에 참여할 수 있다.

이 밖에도 해안의 지자체에서 운영하는 바다 환경 지킴이 프로그램이 있다. 이 프로그램에 참여하는 사람들은 바다와 해변의 쓰레기를 치우고 정화 활동을 펼치면서 플라스틱 등 해양쓰레기를 수거하고 깨끗한 바다 환경을 만들기 위한 작은 실천에 앞장서고 있다.

자연스럽게 실천하는
생활에서의 바다 지키기

어떤 조직이나 거창한 이름이 붙지 않아도 바다에 대한 예의를 지키고 작은 약속을 실천하는 사람들도 많다. 요즘 들어 예전에는 잘 듣지 못했던 바다를 지키는 작은 실천에 관련된 단어들이 자주 등장한다. 해변에 빗질하는 모습도 부쩍 늘어났다. 몇몇 사람들이 빗 대신 집게로 해변가의 쓰레기를 주워 올리고 있다. 집게로 해변을 빗질하는 것이다.

사람들이 머물다 간 해변에는 어지럽게 쓰레기들이 널려 있다. 우유갑, 과자 봉지, 플라스틱 물병과 같은 바다에 대해 예의를 다하지 못한 사람들이 남기고 간 쓰레기다. 이런 쓰레기가 비나 바람을 만나면 바다로 흘러 들어가기 십상이고, 곧 바다 생물과 바다 생태계의 질서와 환경을 흔드는 무기가 된다. 그래서 사람들은 해변을 빗질하듯 차근차근 쓰레기를 집어 올린다. 이런 작은 실천은 해변(beach)을 빗질(combing)한다고 하여 '비치코밍'이라고 한다. 이 비치코밍은 기업이나 정부 부처에서 캠페인

활동으로 기획하여 진행하기도 하지만, 당장 해변으로 달려가 해변의 쓰레기를 줍는 것이 바로 비치코밍이다.

플로깅(plogging) 또는 플로킹(ploking)이라는 것도 있다. '이삭을 줍다'라는 뜻의 스웨덴어 'plocka upp'과 우리가 잘 아는 '느리게 달리는 운동'을 뜻하는 영어 조깅(jogging)이나 '산책하기'를 뜻하는 워킹(walking)을 합한 말이다. 일반적으로 조깅이나 산책은 건강을 관리하기 위한 운동인데 이 플로깅이나 플로킹은 내 건강을 챙기면서 동시에 이삭을 줍듯 쓰레기도 줍는 행동을 말한다. 물론 이삭을 줍듯 쓰레기를 주우면 바다도 건강해질 것이 틀림없다. 우리말로 줍깅, 쓰담 달리기 등으로 표현하기도 한다. 이 운동은 스웨덴에서 시작되었다고는 하지만 조깅을 하거나 산책을 하다가 눈에 띄는 쓰레기를 줍는 것은 누구나 했을 법한 일이다. 거창하게 이름을 붙이거나 조직적이지 않아도 마음만 있다면 작은 행동이나 실천이 자연스럽게 이어진다.

이처럼 바다에 대해 예의를 갖추고 바다를 위해 무언가를 하는 것은 결코 거창하거나 어려운 일이 아니다. 비치코밍이나 플로깅(플로킹)처럼 나 혼자라도 언제 어디서

비치코밍과 플로깅을 알리는 포스터와 실천하는 사람들_ 바다 청소를 실천하는 활동은 계속 이루어지고 있다.

든, 내 생활과 함께 자연스럽게 할 일을 실천하는 사소한 행동에서 시작된다.

나도 몰랐던 바다 사랑에 대한 작은 행동과 실천은 멀

리 있지 않다. 오염되고 있는 바다의 모습을 떠올리며 바다 환경을 지키려면 어떤 행동이 필요한지 그림으로 그려 주변 사람들과 생각을 나누는 것도 하나의 실천이다.

이 작은 행동과 실천은 바다의 사정을 잘 이해하는 것에서부터 출발한다. 현재 바다의 상황과 그 세계는 관심을 가지고 자세히 살펴보지 않으면 다 알 수 없다. 왜냐하면 바다는 언제나 푸르고 말할 수 없을 만큼 거대한 모습으로 무엇이든 다 감당할 수 있는 것처럼 보이기 때문이다.

수백 년 동안 조금씩 변하고 있는 바다의 모습과 그 어려움에 대해 하나씩 공부하고 이야기해 볼 필요가 있다. 그렇게 바다를 이해하게 되면 바다를 위해 무엇을 할 수 있을 것인가, 곧 바다가 베푸는 먹거리, 볼거리와 같이 다 열거할 수 없는 혜택을 누리는 한 사람으로서 고마워하고 예의를 갖추기 위해 할 수 있는 일이 자연스럽게 떠오를 것이다.

그림 출처

(* 자유 이용 저작물public domain은 출처를 밝히지 않았다.)

21쪽 https://www.militaer-wissen.de

27쪽 조력 발전(시화호): sajinnamu/ Shutterstock.com

35쪽 https://www.usgs.gov

36쪽 https://www.slideserve.com

46쪽 Christian Flores/ https://www.flickr.com

47쪽 해양환경관리공단 제공

51쪽 https://www.nasa.gov

55쪽 위: https://www.pmel.noaa.gov

　　　아래 오른쪽: Acropora/ https://commons.wikimedia.org

79쪽 https://www.dw.com

83쪽 해양수산부 제공

89쪽 위: https://www.flickr.com

104쪽 원: https://www.knmm.or.kr,

　　　가운데: https://www.dongwon.com

　　　아래: www.greenpeace.org/korea

105쪽 위 :https://search.usa.gov

　　　아래: Fishman/ https://en.wikipedia.org

109쪽 위: Greenpeace Pierre Gleizes/ https://theconversation.com

　　　아래: Kulac/ https://en.wikipedia.org

124쪽 두 컷: https://wildfor.life

128쪽 왼쪽: https://www.wwf.org.au

　　　오른쪽(위): https://www.wwf.org.au

　　　오른쪽(아래): www.greenpeace.org

132쪽 두 컷: http://www.osean.net, (사)동아시아 바다공동체 오션 제공

135쪽 http://www.osean.net, (사)동아시아 바다공동체 오션 제공

138쪽 위: http://www.jejupress.co.kr

　　　아래: http://www.badasaligi.com

141쪽 위 왼쪽: Virginia State Parks staff/ https://en.wikipedia.org

　　　오른쪽: http://www.osean.net, (사)동아시아 바다공동체 오션 제공

　　　아래 왼쪽: 경기도 고양시 제공

　　　가운데: http://www.pcgoodnews.co.kr

　　　오른쪽: http://youthcenter.or.kr